2015年度日本建築学会設計競技優秀作品集

もう一つのまち・もう一つの建築

CONTENTS

- 刊行にあたって・日本建築学会 …………………… 2
- あいさつ ・河野 晴彦 …………………… 3
- 総　　評 ・石田 敏明 …………………… 4
- 全国入選作品・講評 …………………… 7
    - 最優秀賞
    - 優 秀 賞
    - 佳　　作
    - タジマ奨励賞 …………………… 32
- 支部入選作品・講評 …………………… 41
    - 支部入選 …………………… 42
- 応募要項 …………………… 90
- 入選者・応募数一覧 …………………… 92
- 事業概要・沿革 …………………… 93
- 1952～2014年／課題と入選者一覧 …………………… 93

設計競技事業委員会

（敬称略五十音順）

〈2014〉 2014年6月～2015年5月

- 委員長　河野晴彦（事業理事、大成建設設計本部 執行役員設計本部長）
- 幹　事　小川次郎（日本工業大学教授）*
- 委　員　奥山信一（東京工業大学教授）
    - 岩田三千子（摂南大学教授）
    - 大月敏雄（東京大学教授）
    - 小野田泰明（東北大学教授）
    - 金田勝徳（構造計画プラス・ワン代表取締役）*
    - 甲谷寿史（大阪大学准教授）*
    - 竹内徹（東京工業大学教授）
    - 松田雄二（東京大学准教授）*
    - 馬渡誠治（松田平田設計取締役設計統括）*
    - 和田直（山下設計 執行役員 建築設計部門長）

注）無印委員　任期　2013年6月～2015年5月末日
＊印委員　任期　2014年6月～2016年5月末日

〈2015〉 2015年6月～2016年5月

- 委員長　安田幸一（事業理事、東京工業大学教授）*
- 幹　事　小川次郎（日本工業大学教授）
- 委　員　伊藤俊介（東京電機大学教授）*
    - 金田勝徳（構造計画プラス・ワン代表取締役）
    - 甲谷寿史（大阪大学准教授）
    - 中島裕輔（工学院大学教授）*
    - 原田公明（日建設計エンジニアリング部門 構造設計グループ技師長）*
    - 松田雄二（東京大学准教授）*
    - 馬渡誠治（松田平田設計取締役設計統括）
    - 山崎鯛介（東京工業大学准教授）*

注）無印委員　任期　2014年6月～2016年5月末日
＊印委員　任期　2015年6月～2017年5月末日

課題「もう一つのまち・もう一つの建築」 全国審査部会

- 委員長　石田敏明（前橋工科大学教授）
- 審査員　赤松佳珠子（シーラカンス・アンド・アソシエイツ 代表取締役）
    - 鯵坂徹（鹿児島大学教授）
    - 岩田三千子（摂南大学教授）
    - 竹内徹（東京工業大学教授）
    - 三谷徹（千葉大学教授）
    - 横山天心（富山大学講師）

刊行にあたって

作品集の刊行にあたって

　日本建築学会は、その目的に「建築に関する学術・技術・芸術の進歩発達をはかる」と示されていて、建築界に幅広く会員をもち、会員数3万6千名を擁する学会です。これは「建築」が"Architecture"と訳され、学術・技術・芸術の三つの分野の力をかりて、時間を総合的に組み立てるものであることから、総合性を重視しなければならないためです。

　そこで本会は、この目的に照らして設計競技を実施しています。始まったのは明治39年の「日露戦役記念建築物意匠案懸賞募集」で、以後、数々の設計競技を開催してきました。とくに、昭和27年度からは、支部共通事業として毎年課題を決めて実施するようになりました。それが今日では若手会員の設計者としての登竜門として周知され、定着したわけです。

　ところで、本会にはかねてより建築界最高の建築作品賞として、日本建築学会賞（作品）が設けられており、さらに1995年より、各年度の優れた建築に対して作品選奨が設けられました。本事業で、優れた成績を収めた諸氏は、さらにこれらの賞・奨を目指して、研鑽を重ねられることを期待しております。

　1995年より、本会では支部共通事業である設計競技の成果を広く一般社会に公開することにより、さらにその成果を社会に還元したいと考え、作品集を刊行することになりました。

　この作品集が、本会員のみならず建築家を目指す若い設計者、および学生諸君のための指針となる資料として、広く利用されることを期待しています。

　　　　　　　　　　　　　　　　　　　　　　　　　　　日本建築学会

あいさつ

2015年度 支部共通事業　日本建築学会設計競技
「もう一つのまち・もう一つの建築」

前事業理事
河野　晴彦

　2015年度の設計競技の経過報告は以下の通りである。

　第1回設計競技事業委員会（2014年8月開催）において、石田敏明先生（前橋工科大学）に審査委員長を依頼することとした。2015年度課題は、石田審査委員長より「もう一つのまち・もう一つの建築」の提案を受け、各支部から意見を集め、それらをもとに第2回事業委員会（2014年11月開催）において課題を決定した。

　引き続き、設計競技事業委員・全国審査員合同委員会（2014年12月開催）において応募要項を決定、併せて全国審査委員の選出を行い、審査委員7名による構成で全国審査部会を設置した。2015年2月より募集を開始し同年6月26日に締め切った。応募総数は281作品を数えた。

　全国1次審査会（2015年8月4日開催）において、各支部審査を勝ちのぼった支部入選63作品を対象として、全国入選候補12作品とタジマ奨励賞8作品を選考した。全国2次審査会（2014年9月4日開催）は、建築学会大会の開催された東海大学にて、公開審査会として行われた。大会会場での公開審査会は今回で14回を数える。熱心なプレゼンテーションと質疑審議が行われた審査会は設計競技関係者以外の大会参加者による多数の参観を得ており、会員に開かれた事業として当設計競技に大きな関心が寄せられている証でもある。まちの活気が失われつつある昨今において、まちのあり方や建築を通して本当の豊かさとはなにかを問い直した今回の設計競技の課題が、熱心な多数の応募につながったものと思われる。決勝における各応募者のプレゼンテーションはきわめて高い水準であった。

総　評

もう一つのまち・もう一つの建築

審査委員長
石田　敏明

　建築は社会動勢と常にリンクしながら、つくられ続けられています。終戦から僅か20年足らずの1964年に東京オリンピックが開催されました。この時代、我が国は首都圏を始め、地方まで劇的に大きな社会の変化を経験しました。首都圏では首都高速道路や東海道新幹線の開通、幹線道路などの巨大インフラ整備や代々木屋内競技場など土木・建築の技術を表現したダイナミックで力強いデザインでした。急速な経済発展により地方から都市への人口移動や自然と建造物の在り方、車社会の到来や移動時間の短縮などにより、それまでの見慣れた風景が激変した時代であったと言えます。言い換えれば、経済を優先した価値観の尺度が変わり、それまで大切にされてきたかけがえのない文化や風景が失われていった時代であったとも言えるでしょう。それから丁度、半世紀が経ち、地球規模で環境の時代を迎えています。SFのように50年前にタイムスリップして、その時代が選択したのとは別の価値を選択したならば、現在のような均質な風景ではない建築的風景を見てみたいと思い、「もう一つのまち・もう一つの建築」という課題としました。ですから、今からでも実現できそうな再開発による新しいまちの姿を求めた訳ではありませんでした。

　この問い掛けに対して、全国から約300点近い応募があり、全国審査は支部入選の63作品を対象として7名の審査員による審査を行いました。おそらく応募者のほとんどは50年前に遡って想像するしかなく、出来事をリアルに感じられなかった分、難しかったと想像できますが、過去の文献やヒヤリングや調査を手掛かりに構想されたと思います。全体的には想像していた様に失われた環境をテーマにした作品が多く、水路や湖水、河川などモチーフとした水系、植生などの生態系、産業遺産系、生活としての伝統文化系、まちの形成過程を問うなどの様々な視点からの提案でした。

　学会大会の公開審査会では事前に選出された12作品について、午前中に各案のプレゼンテーションと質疑応答が行なわれた後、午後には更に個々の作品について、1名欠席による審査員6名で質疑応答を行ない、投票に移りました。第1回目の投票では各自、6作品に投票した結果、12作品中8作品が3票以上の得票を得ました。各自、選出した理

由など意見交換し、第2回目の投票を行いました。2回目は8作品の中から各自、3作品に投票した結果、No.21「居木場所」、No.22「坑と暮らすまち」、No.32「井路暮らし」、No.33「幕がひろがるまち」、No.37「オフィス村のくらし」、No.61「雨暮らしと生ける都市」の6作品が選出されました。この時点では比較的、得票が横並びであったため、第3回目の投票ではこれら6作品に対して5点、3点、1点の重み付けをして各自、3作品に投票した結果、No.32「井路暮らし」、No.22「坑と暮らすまち」の2作品が高い得点を得ました。得点数ではNo.32の「井路暮らし」が上位でしたが、構想力、表現力、まちに対する効果や影響力、風景の創出、空間の質などにおいて同等であると判断し、審査員全員の合意により、No.32「井路暮らし」、No.22「坑と暮らすまち」の2作品を最優秀賞とし、第2回目の投票で選出された他の4作品を優秀賞としました。上位12作品とタジマ奨励賞を含むいずれの案も現在のまちに至った形成過程を丁寧に調査し、こうあるべきであったとした提案はレベルが高く、伯仲した内容であったことを報告します。審査を通して、地域や場所の歴史や文化の発見が数多くあり、改めて建築が社会や環境に関わる大切さや可能性、責任について認識できたことに感謝致します。様々な出来事が積層され、今日の私たちの生活環境が構築されていること、また、その変化と可能性への眼差しを次代に向けて発信して行って欲しいと願っています。

全国入選作品・講評

最優秀賞
優秀賞
佳作
タジマ奨励賞

支部入選した63作品のうち1次審査・2次審査を経て入選した
12作品とタジマ奨励賞8作品です
（4作品は全国入選とタジマ奨励賞の同時受賞）

タジマ奨励賞：学部学生の個人またはグループを対象としてタジマ建築教育
振興基金により授与される賞です

最優秀賞 22

小野竜也
蒲健太朗
服部奨馬
名古屋大学大学院

CONCEPT

岐阜県御嵩町。亜炭鉱跡が地下に積層したこのまちでは陥没事故が多発しており、南海トラフ地震の危機が迫る昨今、早急な対策が必要とされている。そこで50年前に立ち返り、炭鉱跡を利用しながらまちを守る建築を構想する。この建築は地上の中山道の街並みと地下の亜炭鉱の記憶を残しながら、危険の取り除かれた安心できる暮らしをもたらす。

支部講評

みたけちょう、という岐阜県の南に位置する町では、残存する亜炭廃坑による陥没事故が深刻な被害をもたらしている。地下に張り巡らされた坑道跡が崩落し、町ではその度、充填剤を流し込むなどして対応に追われてきた。提案は、こうした状況に鑑み、地下空間を建築化して、崩落を防ぎつつ、公的な機能を立体的に配置していくというものだ。地下空間ゆえ、小学校や保育所などの機能として十分な採光、適度な湿度が保てるか、その対策が講じられているか、積極的には評価しがたい面もあった。しかし、人為的に採掘され、熱源の転換とともに不要とされた過去の負の遺産を一旦、引き受け、巨大な気積の空間として活用していたならば、と想起させる力を感じた。

（脇坂圭一）

全国講評

近年、地盤に空洞のある地域で、大雨や地震時における地盤の緩みや変動によって引き起こされる局所的な陥没が問題となっている。亜炭抗跡がある岐阜県御嵩町も、炭坑操業時に大規模に掘削された空洞が折り重なる地域である。本計画では50年前に遡り、現在では負の遺産となった積層する炭坑跡を貫通するように大きな杭を設けることで、空洞が原因となる地盤沈下を防いでいる。さらに、炭坑の空洞を活用しながら地上まで展開する大きな吹き抜け空間を設け、その周りを主たる公共の場とし、それらを補強された炭坑路でリンクさせることで、低層の建築が建ち並ぶ中山道の街並みを保持しながらも、亜炭抗跡とともに歩む公共スペースのあり方が積極的に提案されている。地上に比べ、快適な空間を保つことが難しい地下において、大きな吹き抜け空間の上部に大きなトップライトを設け、さらに地熱を利用したパッシブなクールアンドヒートチューブをベース空調とするなど環境面への配慮も意欲的に行っている。小学校や中学校などの教育施設を地下に設けることへの批判的な意見も出たが、50年前に立ち戻り現在の在るべき街を構想するという非常に難しい課題に対し、大胆かつダイナミックに構成された地下空間と景観に配慮した地上部の街を両立させた提案が多くの審査員の共感を得て、最優秀賞に選定された。

（横山天心）

最優秀賞 32

奥野智士
寺田桃子
中野圭介
関西大学大学院

CONCEPT

人の生活の中心にはいつも水があった。そこから集落が発生し、人の生活にとって水は切り離せない物であり、生活を支える源であった。しかし、機械による水流制御が可能になった。その結果、水郷集落と呼ばれた景色は近代化によって虐げられた。そこで、その遷移が再編されると同時に、生活と水の関係は大きな可能性を生み出す。御領の水が溜まるという特性をポジティブに捉えもう一つの50年を構想する。

支部講評

かつて大阪府大東市に存在した「井路」とよばれる水路を題材とし、それとともに営まれる暮らしを再考した案である。建築と水路（井路）との境界に着目することで、井路を単なるインフラに留まらず、水を介した新たな関係を生み出す場所として発展させる視点が良い。水位の変化により水際の在り様とその風景が変化するのが面白い。その考え方は自然の力と人間の営みのバランスを感じさせるもので、それを「水のある風景」と「人の活動」という、町のソフトとハードの接点において新たな価値の創出につなげているところが評価できる。断面パースからはそのような魅力がよく伝わってくる。タイトル図面に描かれた俯瞰パースの密度を上げれば、表現においてもインパクトあるものとなろう。

（角田暁治）

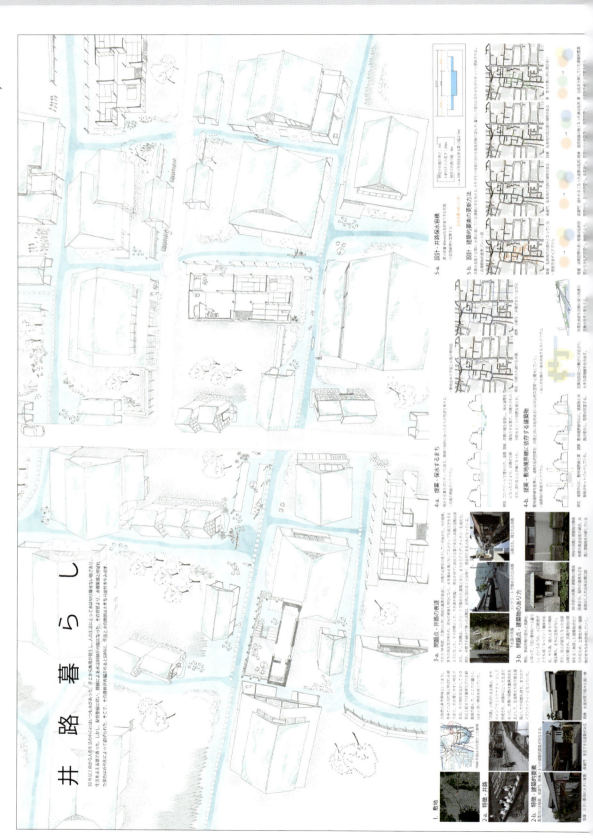

井路暮らし

全国講評

敷地は大阪府大東市御領。かつてこのまちにあった水路（井路と呼ばれていた）を、住人が井路の一部を所有する手法を取ることで存続させ、人と井路とまちの関係を取り戻そうとする提案である。井路は農業用水、生活用水、舟運などまちの中心であり、まちのアイデンティティーであった。しかし、工業化に伴い農業が衰退するとともに埋め立てられ道路となり、断片的に残った井路には雨水が溜まるのみとなってしまった。それらを、水位の変化、生態系、井路と母屋、長屋門、段倉といった建築との関係性など様々な要素を丁寧に拾い上げ、読み込み、解決策を織り込むことで存続させる道を提示している。人々の生活とともにあった美しい水辺の風景は、台風や豪雨などからくる自然災害と表裏一体であり、治水という目的の為にどんどんコンクリートで塗り固められ、我々の記憶からなくなりつつある。その危機感からか、今回は、まちと水辺空間に対する提案が多く見られた。その中でもこの作品は、建築の作られ方や人口密度の変遷、自然環境の変化など時代とともに変わることを受け止め、必要に応じて更新されながらも井路のある暮らしが続けていける。そんな、しなやかで持続的な地域循環システムの提案であり、50年前に立ち戻るからこそ見えてくる、もう一つのまちの姿を捉えた意欲的かつ魅力的な作品として、最優秀賞にふさわしいとの高い評価を受けた。

（赤松佳珠子）

優秀賞 タジマ奨励賞 21

村山大騎
平井創一朗
愛知工業大学

CONCEPT

高度経済成長期の始まりと共に、日本は作って壊すまちを量産し、日本の木材文化は衰退していった。昔は木という資源を循環させながら、森林と共に生き、木造で温かみのあるまちで暮らしていた。私たちは高度経済成長期になくなった貯木場という存在を使って、木材文化を継承した"もうひとつのまち"を提案する。

支部講評

名古屋市の中央を流れる堀川沿い熱田区白鳥地区を対象とした提案。

都市から長期に亘り失われてきたものに対して、かつての白鳥貯木場に注目し、建築材料としての木材の復権、水質悪化に悩まされる都市内河川の水質浄化システム、癒しの空間の創出など、重層化した木材文化を核にした提案は大いに評価できる。
名古屋市内では、噴水広場等の水辺は多く見られるものの、身近に水と直接触れ合える大きな水辺空間はあまり見られない。提案が実現化すれば更に名古屋の魅力化に繋がる。
パース表現も雰囲気があり、水辺での楽しい出来事がイメージし易く好感がもてる。
広がりのある水辺にあわせて、建築についての何らかの提案も見てみたかった。

（高木清江）

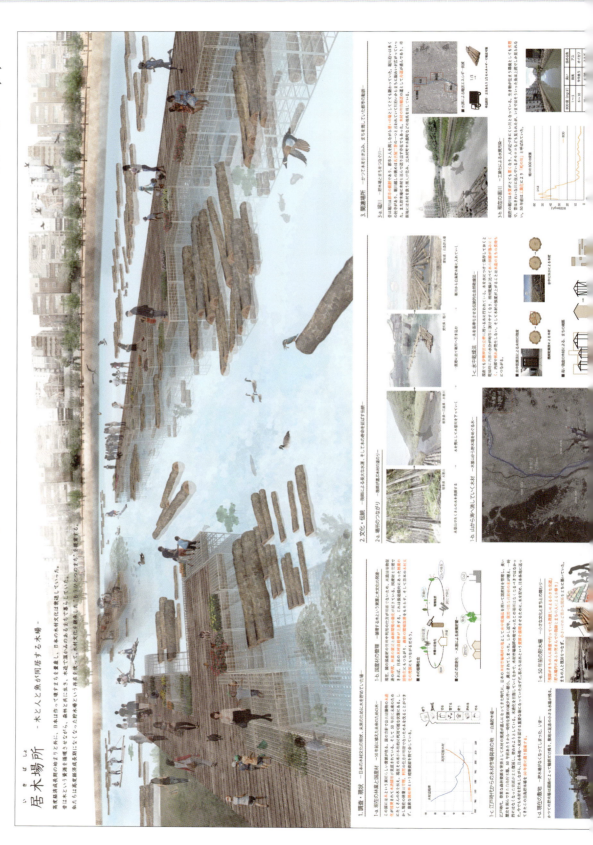

居木場所 －木と人と魚が同居する木場－

全国講評

二次審査に残った「もう一つのまち」に、失われた水の空間の再現が散見された。使われなくなった川や水際空間は、不要なスペースとして埋たてられ、この50年間、日本のまちから消え去ってしまったのが水面であることを、改めて考えさせられた。この作品は、日本の木材需要が衰退せずに栄えていたら、四百年続いた名古屋の白鳥貯木場が残り、今は汚れた川となってしまった堀川に、筏師のいる風景があるはずではないかという提案である。パースの表現力に、審査の過程では多くの票が入り、最終的に学部生の作品と判り、大変驚いた作品でもある。実現性はさておき、昔からの水中乾燥という手法を展開し、魚礁を「木蓄魚礁」として積層させながら堀川を浄化するアイデアもユニークで、「木と人と魚が同居する」という副題もよい。悔やまれるのは、貯木場近くには、木材を製材にする工場が立地するはずであるが、それらの建築的提案が見られずランドスケープの提案に留まってしまった点であろう。また、堀川にも、川が生きていれば残っていたであろう建築群があったのではないかと想像する。

しかし、水空間の「もう一つのまち」として、力の入った秀作であるとともに、木材にスポットをあてたいくつかのアイデアを素直に評価したい。

(鰺坂徹)

優秀賞 タジマ奨励賞 33

相見良樹　相川美波
足立和人　磯崎祥吾
木原真慧　中山敦仁
廣田貴之　藤井彬人
藤岡宗杜
大阪工業大学

CONCEPT

新開地の50年前に遡り、この街が有していた演劇文化を軸と捉え、劇団員を誘致することから生まれる「もう一つの新開地」を提案する。この街の姿は「演劇」の軸と住人・劇団員の時代ごとに変化する多様な行為が、絡みあいながら常に更新され続ける。長い時間をかけ、街の人々の生活に「演劇」が混ぜ合わされることで、この街ならではの住人同士の関係性が育まれ、豊かな生活が営まれるだろう。

支部講評

かつて神戸の中心であった新開地。そこに栄えた演劇のもつ魅力を生かして、50年前からやり直してみたら……劇団員が働きながら、住み続ける演劇のまちとして……
現在に至る地域活性化の策が、新開地においても短いスパンの「外向きのまちづくり」であったと問題提起している点に共感をもてる。提案は、決して一過性の経済的仕掛けではなく、歴史と文化を継承するしくみが、住民同士のコミュニティーを活性化させ、そのまちを持続させることに繋がるとしている。演劇が随所で行われているまちは、いったいどのようなまちになるのであろうか？　IT化進んだ現在、想像を掻き立てられて止まない。

（加賀尾和紀）

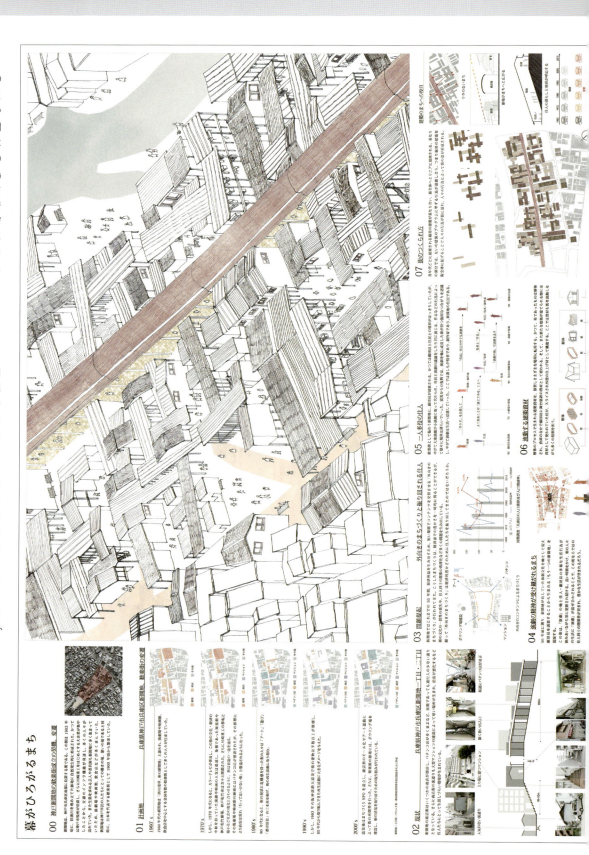

幕がひろがるまち

全国講評

新開地は「福原遊郭」を核にして、1905年に旧湊川河川敷埋立地に作られた。当初は「東の浅草、西の新開地」といわれ、映画・演芸場・飲食店が軒を連ねる神戸最大の歓楽街であった。しかし、映画館最盛期を経て、高度経済成長期の神戸の街の変化と、娯楽の多様化により50年前ころには市民の足も少しずつ遠のいていた。この「幕がひろがるまち」では、そのころに遡って、新開地に芸術と文化に溢れたまちを築きあげようといった内容だ。「50年前に遡って」という課題に対し、ディープなまち新開地の根底に有していた演劇の精神を軸として、演劇にかかわる人と人とのつながりを演出する「もう一つのまち」へと進化させていくことを提案している。木造建築を更新させながら、商店、銭湯、劇場、演劇教室、高齢者の集いの場などをつくり、神戸の大震災後の復興までを味方に、芸術と文化に溢れた新開地のまちの50年間が表現されている。図面の中のまち全体の鳥瞰図に、斜めに太い一本の赤い軸が描かれている。これがその演劇の精神を表す軸であり、「幕」であることを想像していたが、講評会の質疑応答では新開地商店街の「アーケード」だという回答であった。少々、期待外れでもったいない気がした。しかし、人と演劇とを中心に描き、課題の主旨を的確にとらえた、新開地のまちのストーリー展開は審査員全員から高い評価を得たといえる。

（岩田三千子）

優秀賞 37

中馬啓太
銅田匠馬
山中晃
関西大学大学院

CONCEPT

近年のオフィス街は、単一機能だけでは成り立たなくなって来ており、上書きされるように住居機能が建ち替わってきているが、高密な建ち方をする住戸は周辺と関りを持たず、十分な住環境を提供できているとは言えない。

そこで、オフィス街での暮らしを捉え直してみる。50年前の大阪市船場地区に「立体容積率制度」が制定することで、オフィス街の履歴に 様々な機能が複合的に共存し合う、もう一つのまちを提案する。

支部講評

大阪市船場を舞台に、都心における職住混在の街の在り方を考える案である。合理性に則った単一用途の集積が逆に都市の活気を失わせる恐れがあることや、既存の公開空地が孕む空疎性に着目し、「立体容積率」と名付けた制度を提案している。建物中間階につくりだされたヴォイドは、様々な機能や人々がまじりあう魅力的な立体高密度空間を創りだしている。また高さ制限を撤廃して集積が生み出す価値を担保することで、環境優先の牧歌的な提案からも一線を画している。新たな制度設計が個々の建築デザインに反映され、時間をかけて都市ならではの多様な機能が混在する場所が構想されており、大阪的な雰囲気を感じさせて魅力的である。

（角田暁治）

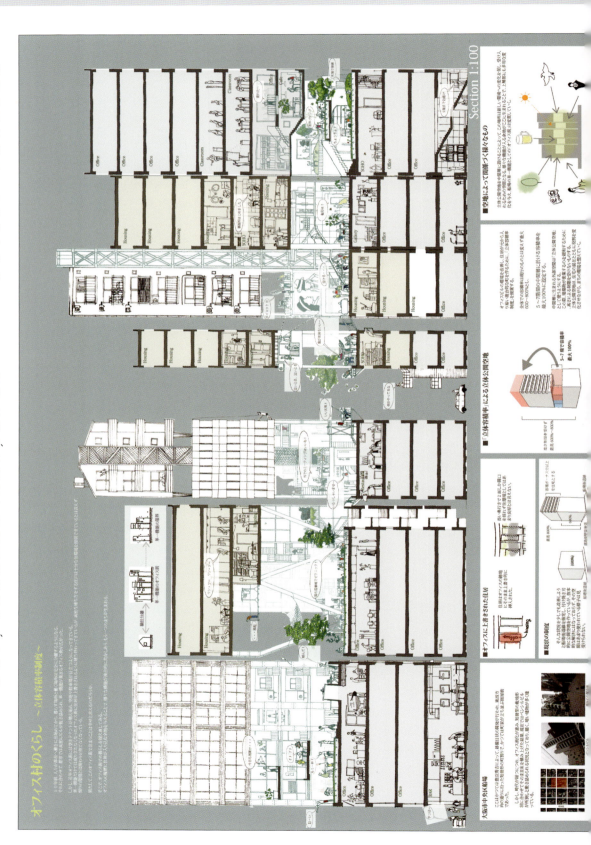

オフィス街のくらし 〜立体容積率制度〜

全国講評

50年前、人々が都市へ働きに出始めてから、暮らす場所と働く場所は完全に分離するようになり、単一機能が集まるオフィス街が広がって行った。しかし、近年空きテナントが増え始め、オフィス街に住居が上書きされるように建て替わってきている。しかし、そのようにしてできた今の住居は決して良好な住環境とは言えない。そこで、5〜7階間の中間層の容積率を最大100%に設定する『立体容積率』を設定することで、立体公開空地を作り出し中間層に外部空間を生み出すという提案である。ペンシルビルが立ち並ぶオフィス街のビル上層部をコンバージョンしてお互いにつなぎ、水平に展開していく方法は良く見かけることがある。しかし、立体容積率としてルール化し、外部空間を中間層に作り出すシステムの提案は、建物が更新されていっても変わることのない大きな骨格をこの街に与えていく。地上から比較的近い中間層に外部空間があることで、住宅や店舗など、様々な機能が入る可能性を持つこととなり、地上でも賑わいを感じることができるだろう。オフィス街をふと見上げたら、楽しそうなアクティビティに溢れる外部空間が広がっていた。50年前に都市に埋め込まれた『立体容積率・立体公開空地』というしかけがあれば、そんなもう一つのまちの姿が現れていたかもしれない。新しい都市空間の在り方の可能性を提示してくれた秀作であり高く評価したい。

（赤松佳珠子）

優秀賞 61

市川雅也
廣田竜介
松﨑篤洋
立命館大学大学院

CONCEPT
雨暮らしと生ける都市

都市は水を避けることを目指した、博多もその一つだ。しかし環境は変わり、水をさける都市と建築は限界に向かっていくのではないか。雨水を建築に取り込み、都市に溜める「もう一つの建築」の姿を提案する。豊かな生活とは完成された建築に依存するものではなく、建築にからみついた、歴史やなりわいが輝くことだと考える。雨水が環境を変え、建築やまちのなりわいをより輝かせる、そんな雨水の対策と「もう一つのまち」を一体的に考える。

支部講評

「雨暮らしと生ける都市」というテキストやテーマ設定、魅力的なドローイングと緻密な計画は評価されるが、前年度の設計競技時に見られた提案素材の流用と推定される部分に疑問が残った。ただし、仮にリメイクされた物である事を差し引いても、雨水処理や潮の干満を含めた建築や都市における「水系」に対するポジ的な視座をリアリティを持ちながら表現へと展開した事は評価された。それは福岡市の地下で既に複数完成している、地下神殿の様な巨大貯留場のもつ、都市や建築におけるネガ的な計画へのカウンタープロポーザルとなり得る事を想起させたからかもしれない。やや総花的になった趣旨をよりシンプルに整理する事で、強度のある提案となり得たのでは無いか。
（大谷直己）

全国講評

太古には水のある所に人が集まり、米や野菜を植え、家畜を育て、魚貝を採って食物を得た。水と人の縁は切っても切れないものであった。ところが同時に、大雨による川の氾濫、土砂崩れなど、時には生活を脅かす存在でもあった。土木・建築技術によって、川の流れを変え暗渠にするなどして、次第に人は水を遠ざけるようになった。今回の応募には、このような水と人の関わりについて、歴史を遡って現在あるべき「もう一つのまち・もう一つの建築」を提案したものが多かった。その中でも、「雨暮らしと生ける都市」は、福岡博多を題材として、人と水が最高の状態で共存する優れた提案である。博多の地形を読み込み、原型に抗わない方法で日常的に建築・都市に雨水を溜め、リング状に都市を潤すオアシスを創る。そこには、博多っ子が憩い、集まり、活気づく様子を思い描くことができる。大雨のときに溢れる雨水はこのリングに溜められ、人を脅かす存在とはならない。今現在も、福岡博多は、中洲、キャナルシティ博多、博多埠頭・中央埠頭周辺、千代地区など、水を積極的に活用したまちづくりで多くの観光客が訪れている。際立った表現力が相乗して、さらに居心地のよい水と人との距離感を感じさせる作品である。

（岩田三千子）

佳作 8

市川雅也
寺田穂
立命館大学大学院

CONCEPT

トウキョウ大学 −学びと緑がつなぐ知的創造都市−

- 大学の街トウキョウ -
東京には世界的にみても大学が狭い範囲に集まり、高密度で存在している。若い学生がそこには存在し、可能性を秘めている。そんな大学と公園を一体的に管理し、大学の機能を公園や周辺のオープンスペースへ拡充するマチを提案する。「トウキョウ大学」として緑を巻き込み作られる学びの軸は、年月を追うごとに、愛着を持たせ、生態系を豊かにし、市民のクリーンな生活インフラとして新しい東京の姿を見せていく。

支部講評

本応募案は、都市高密度化と自然環境に加え、大学（高等教育・研究）がテーマである。東京、ひいては日本が歩んできたこの50年の問題に対し、都市的スケールで正面から向き合っている。都市化・高密度化に対しては、生態系の回復を目指した自然緑化を据え、大学は開かれた知的財産を提供する役目を担い、東京という大都市における豊かさを、マクロな視点から追究している。

ただし、応募者の言う「都市への愛着と直接的なつながり」は、本来は都市のリアリティの中から生まれるべきところ、都市活動の内実、大学の実情、都市生活像が曖昧な点は残念である。提案の理論的強度にやや難があるが、表現力の高さも評価され、入選となった。

（小岩正樹）

全国講評

東京にある多数の大学キャンパスを公園化し再配置、それらをネットワークでつなぐ提案で、高架橋の交通システムも魅力的な空間として表現されており、緑と水のプレゼンテーションが印象に残った作品である。多数の作品の中で、大学という機能を取り上げたことも記憶に残ったが、1959年に制定された「首都圏の既成市街地における工業等の制限に関する法律」（工業等制限法）により大学教室の拡充ができなくなり、大学が郊外に移転していった背景が語られておらず、何が50年前に変わりこの提案になったのかが、読み取れなかった。また、「ソーシャルキャピタルの場をはぐくみ、誰もが学び、知的財産を生み出し都市全体で発信する新しい都市軸」や「大学と公園を一体的に管理し大学の機能を公園や周辺のオープンスペースへ拡充するマチ」の具体的内容がデザイン、形としてもう少し描いてほしかった。「大学は学生や教員など人を流動化させ、マチを活性化」と言いながら「少子化や公園の大学化によって余剰」となったスペースを市民に開放すると記されており、大学がマチの中で果たしていく機能について、学生らしい踏み込んだアイデアがあればと惜しまれる。そして、月島、晴海周辺が、自然堆積と浄化、温暖化によりマングローブの公園になってしまうストーリーにより、魅力的な月島のまちなみがなくなり、もんじゃやきが食べられなくなるもう一つのまち、個人的には今の方がよいのではと悩んでしまった。

（鯵坂徹）

佳作 10

宮垣知武
慶應義塾大学大学院

CONCEPT

50年前の東京都自由ヶ丘は田畑が多く、住宅街と商店街は開発途中であった。この時代に養蜂所を含めた複合施設を建築する。
この養蜂所で飼育されているミツバチが周囲の農園の蜜を吸いにくることでまちには農作物、養蜂所ではハチミツが生産される。時代が進み、商店街と住宅街は開発が進み農地はつぶされていく。そこでまちとして、建築として開発を進めながらも周囲の自然環境のバランスを崩さないためにこの案を提案する。

支部講評

養蜂を中心に、人と自然が共存するまちの可能性を、丁寧な調査と美しいドローイングで示している。ある特定のまちにおいて、養蜂は、人々が植物を育てる具体的な動機づけとなりうると感じた。
目的を共有して植物を育てるという人々の能動的な関与によって、まちと人が、よりつながってゆく。人々の主体的な参加からなりたっている、例えば祭りなどと同様に、このプロジェクトは、まちの特徴を形作る以上に、人々の帰属意識を育てることになるだろう。
50年前から再スタートするという、課題の趣旨に正しく答えた案ではあるが、すぐれて今日的な案であり、これからのまちと建築についての可能性をも示す秀作である。

（伊藤博之）

全国講評

何やら楽しげなタイトルが示唆する通り、養蜂を核とした建築と街並みを提案した、夢多きプレゼンテーションである。蜂が飛び立つ高い塔をもつ建築が街並みの中心に描かれ、そこからミツバチが地域に飛散してゆく様子が美しく描かれた鳥瞰パースが印象的である。

本案の根底には、「建築が、都市が、人間の生活のためだけにデザインされたこと」への反省が横たわっている。一方、歴史の中で時に建築は人間以外の生物との共存を含めて計画されてきた。東北地方の＜曲り家＞は、農耕馬を家族のようにひとつ屋根の下に住まわせながら共存する空間形式であるし、白川郷などの大きな＜合掌造り＞の形式は、建築容積の半分を養蚕のために割いている。そのような他生命との生活を前提としたとき、近代都市を構成する建築がどのような根本的変化を持つのか、ひいては都市構造がどのようになるのか、それを問う可能性を秘めたプロジェクトである。

逆にそのような空間形式の新しい文法を期待してみると、もう一段深い空間考察があってしかるべきであった。ミツバチの活動が観察できるだけでなく、その行動様式を尊重するには、人間の都市生活様式の何を変えなければいけないのか。たとえば蜂が蜜を集めにいく花木園や果樹園の在り方がどのように都市緑地インフラの計画と管理プログラムを変えるのか、地域としての行政単位が変わるのか、その辺りが審査委員の知りたかったところでもある。

（三谷徹）

佳作 タジマ奨励賞 26

河口名月
大島泉奈
沖野琴音
鈴木来未
愛知工業大学

CONCEPT
川の番屋街

かつて農業、漁業が助け合って生きてきた富山県氷見市。しかし、時代の流れとともにそのつながりは希薄になっている。わたしたちは、氷見市の流れを失った川、『湊川』をまちの中心地として新たな価値を形成する。

支部講評

海と農地をつないでいた漁港の川には行き交う舟が消え、今はRC造の護岸と手摺に囲まれた市街地の排水路となっている。かつてその川沿いにあった水辺の生活と風景を再構築し、市場や祭り、さらに伝統工芸などの地域文化に繋げようという提案である。漁業者の舟小屋である番屋とデッキでつくる構築物を中心に、川沿いの風景を形成する。小舟が日常の移動手段となり、人は物を運び売り買いし、コミュニティーを形成する。まるで運河の街のように、道とは違う水辺の風景が出現する。豪雨での増水が起きた時、提案による氾濫防止策は不明瞭だが、港街の水路に隠れた川沿い物語の発掘を評価したい。

（矢尾憲一）

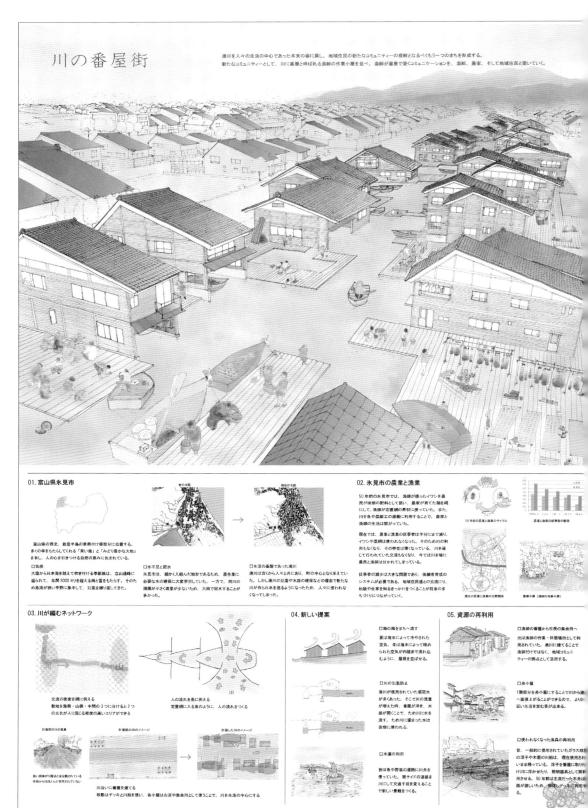

06. 断面計画

07. 配置計画

08. 季節と1日の流れ

09. 平面計画

全国講評

50年前の富山県氷見市の湊川は、農地に水を供給し、かつ水運の経路としても活用されることで、農業と漁業の循環リサイクルを促進してきた。北東へ向かって流れる湊川は河口の手前で北西に大きく曲がるため、大雨の時の氾濫に悩まされた。その後、モータリゼーションの発達によって水運が衰退し、その主流はそのまま、北東に延長するように護岸工事が行われ、湊川を基点とした交流は失われてしまった。そこで本計画では50年前に遡り、水運の経路としての河川をそのまま保存し、かつその河川上に漁船の作業小屋と市民の交流スペースを設けることで、山間部と海岸部との結びつきをより一層強化することが試みられた。計画された建物や船の寄り付き場にもなるデッキは、その底部に使われなくなった漁業の浮きを再利用して浮かせ、デッキと建物の張り出し距離を変化させることで、河川の境界が複雑に入り込んだように見え、水際空間の親水性を高めるよう計画されている。また、護岸に貯水槽を設けることで大雨時の増水を緩和するとともに、河川の水量の増減により生じる護岸とのレベル差が水際空間に変化を与えている。そのシステムを具現化するための技術的な提案にはいろいろ問題がありそうだが、パースに表現されている漁師が作業しながら市民と交流する様は、今では失われてしまった古き時代の良き趣を残しており、魅力ある水際の景観を作り出している。

（横山天心）

佳作 27

大村公亮
信州大学大学院

CONCEPT

大規模な敷地を持つ施設ほど周辺の街に対しての影響力が大きく、街の衰退・発展に大きく関わっている。街の中の小学校の廃校跡地を対象に、50年前から現在前まで、敷地とその周辺の街がどのような関係を持ってきたのかを古地図により分析した。そこで敷地と街の境界部分のあり方から見直し、小学校が周辺の街と補完的な関係を持って存り続けるシステムを提案し、小学校と街のもう一つの在り方を構想する。

支部講評

長野市の中心市街地にある小学校跡地とその周辺を利用した"もう一つの小学校"の計画である。敷地とその周辺のまちの機能的な繋がりを50年前から5年毎の時間軸で分析し、小学校が存在していた事により特徴づけられたまちの性格の変遷を読み解いている。そこから見えてくる小学校と周辺環境がつくる様々な補完関係を具現化して個性的な建築を提案している。特に敷地境界にとらわれずに細い路地や空き地を利用して有機的にまちに広がっていくコリドール状の縁側は、学校や地域住民の生活や活動を積極的に関係づける装置として魅力的である。50年前から続く地域の暮らしの繋がりをこの縁側によって現在の街に表出させたユニークな作品である。

（鈴木晋）

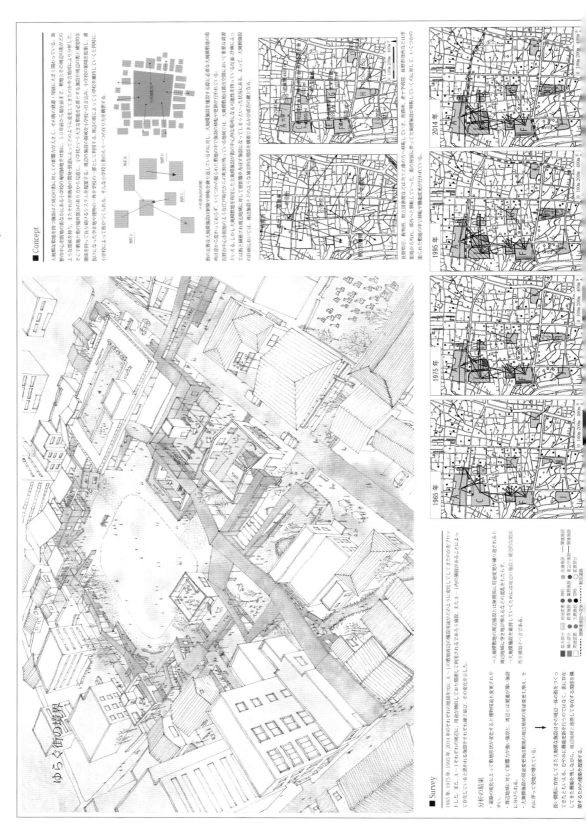

全国講評

1947年から1948年の第一次ベビーブーム・1971年から1974年の第二次ベビーブームによって急激に増加した児童のために建設された学校が、現在の少子化の影響で廃校になり、その再利用の在り方が問われている。求心力のある都心部においては、廃校をリノベーションする事例も多々見られるが、地方都市においては校舎の再利用方法がなかなか定まらないのが現状である。江戸時代の町割りが残る長野県の中心市街地では大規模敷地は少ないため、建て直しへの需要は見込めるが、リノベーションを前提とした再利用はなかなか成立しがたく、そのまま放置されていることが問題となっている。そこで本計画は、学校が計画された時点に立ち戻り、他の施設を複合しながら街に開いた学校のあり方を提示することで、廃校のリノベーションの可能性を高めることを試みている。グランドを中心にして、敷地周辺に蛇行する動線空間が、各施設と外部空間を繋ぐことで、その境界を曖昧にし、あたかも周辺部へと溶け込むような魅力的な建ち方と廃校後の再利用を容易にしている点は高く評価されたが、建て替えを前提とすれば、同様な状況を作り出せることが、現在では成しえない「もう一つのまち・もう一つの建築」の提案としてはいささか物足りなさを感じる要因となっている。

（横山天心）

佳作 28

藤江眞美
後藤由子
愛知工業大学大学院

CONCEPT

かつて湖は生活の資源として人々の生活をつくり、観光資源として街をつくってきた。水辺がまちの図であり、大きな自然の建築であった。

敷地の柴山潟は干拓によって潟湖の半分以上が埋め立てられた。人の生活が遠のくことにより、ゴミは溜まり、生活排水が流れ汚染されていった。

本計画では、柴山潟で減少しつつある「ヨシ」を利用し、ヨシの成長サイクルによる親水空間と、湖の排水経路を残した外堀干拓を提案する。

柴山潟のヨシの風景を取り戻す過程は、失われた水辺の生活の豊かさを想起させ、住人・観光客・農家・自然をつなぐきっかけとなる。

支部講評

石川県南部に点在したかつて加賀三湖と称された湖沼のひとつ柴山潟を舞台とした湖水浄化を兼ねた親水空間と農業用干拓地をリノベーションする提案である。

湖水に浮かんだ葦でできたリング状の遊歩道と葦のトンネルは着想としては面白く、新鮮でユニークな計画である。しかし、葦リングの構造にもう一歩踏み込んだ構造計画が望まれる。農地干拓地では生産性向上を図るためというより、潟に繋がる排水路を残しつつ円形状水田を幾つも形成し、印象的な風景を創出している点は懐かしく、親しみをもって受け入れられる。この作品は歴史的な背景の考察によるコンセプト創りや美しい図面表現は高く評価される。

（中森勉）

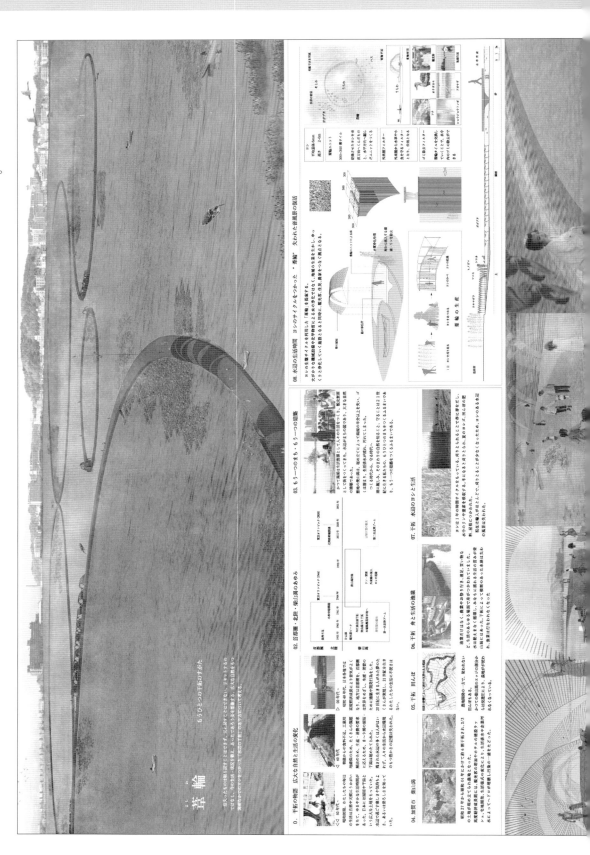

全国講評

この提案は、一瞬、加賀の柴山潟を埋め立てなかったらという内容に見えてしまうが、「リセットするのでなく、今の生活・状況を整え、あったであろう姿を想像する。」と記されているとおり、50年前に必要とされた水田は確保しながら、もう一つの「水辺の干拓」のあり方を提示している。昭和27年から、米の作付面積を増やすため、半分以上を埋め立てられた柴山潟は、「今では、ゴミは溜まり、生活排水が流れ、汚れてしまっている」という。そこで、現状の干拓地のエッジの部分が浸透圧により農地として使われないという問題からフィードバックし、「外堀干拓」というユニークな方法が提案されている。この「外堀干拓」は、干拓される前の水際の景観を保全できるだけでなく、その水面を潟湖の排水経路として活用し、水も浄化されるというサスティナブルでよく考え抜かれたアイデアである。「外堀干拓」以外の残された水面には、ヨシを使った葦輪による浄化を提案している。この葦輪については、強風から水草をまもるとともにデザイン的にも評価でき、二次審査に実物のヨシを持ち込む等、地に足をつけた積極的な提案であった。

さらに、「失われた音風景の復活」という一行を読むと、描かれた水面が波打ちはじめ、その光景が浮かびあがるようなプレゼンテーション力も評価したい。

（鯵坂徹）

佳作 タジマ奨励賞 38

片岡諒
岡田大洋
妹尾さくら
長野公輔
藤原俊也

摂南大学

CONCEPT

斜面に家が立ち並ぶ集落は日本にもいくらかある。そのほとんどが直面している問題に、少子高齢化やバリアフリー問題などがある。
本提案では、50年前から現在までの、変化に対応するチャンスをものにしていたならば現在の傾斜集落が抱えている問題が和らいだのではないかと考えた。それならば、変化のタイミングに丁寧に応えていたら、小さなチャンスの積み重ねにより、大きな改革にも匹敵するものが生れたのではないかと提案する。

支部講評

消え行く地域コミュニティーを憂う現在、自然発生的な集落は魅力的なのものとして眼に映る。提案の場は平地がなく急峻で入組んだ地形にあり、魅力的な路地を持つ集落である。しかし、生活する上で必ずしも便利と言えないこの場は、今のままではやはり消滅が憂えられる。そこで、集落構造をきめ細やかに調査し、潜在する先人の知恵や現在の課題を見出し、継承するべきものを大切にしながら、提案としての建築的アイテムをタイムリーに滑り込ませ、あり得た・あるべき建築を示している。そこに大きなプランはない。あるのは、小さなアイデアによって変容するプロセス。キャピタリズムやグローバリズムには生じない手触り感あるプロセスに、多様な可能性をイメージでき興味深い。

（小林直紀）

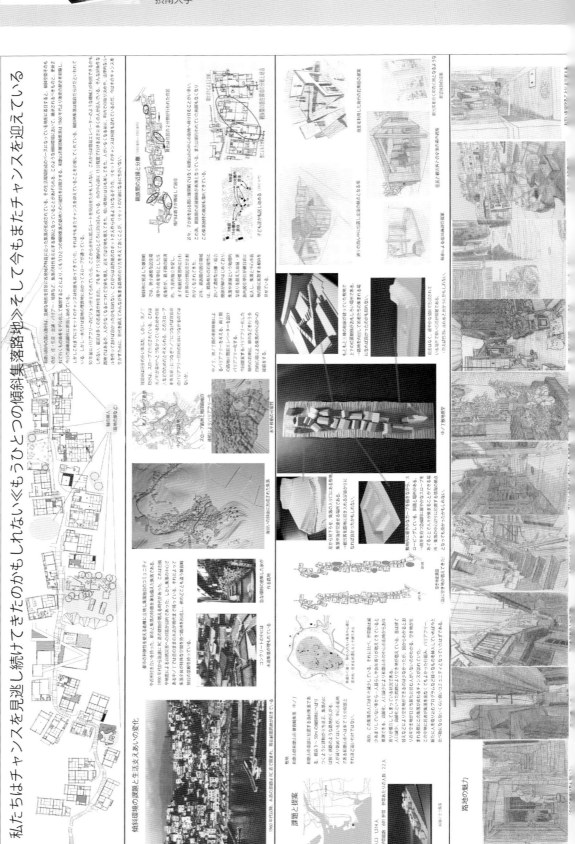

私たちはチャンスを見逃し続けてきたのかもしれない《もうひとつの傾斜集落路地》そして今もまたチャンスを迎えている

全国講評

最後の応援演説がたりなかったのか、佳作で止まってしまったのは残念である。本案はタイトルからも分かるように他の案と基本的に異なる態度を示している。われわれは過去のどこか一点（本コンペでは50年ほど前の高度成長期）で、何か大きなひとつの間違いを犯したのではない、小さな見過ごしの蓄積が歴史を変えてしまうのだという警告を発している。そして現実は実にそうなのではないか。どうして少しずつ踏み外したのか、原因は、建築の制度や様式にあるのではなく、世界に対する態度、あるいは価値観が間違っているからである、そのようにこの案は示唆している。

一次審査では、傾斜地集落ないしは住宅地の在り方を問う案が数多く見受けられたが、この案はそこから選び取られた一案である。他案は、大型造成による土地と結びついた界隈性の喪失を空間形式の提案で回避しようとしたり、傾斜地特有の景観要素の保全で街並みを継続させようとしたり、何かひとつの手段や要素のデザインに頼ろうとしている。しかし本案は、適宜適材の工夫によって、住人相互の人間関係さえ維持されれば、何か特別なデザインでなくとも街の命は存続するとしている。しかもその工夫が必ず傾斜地という土地の特性に結びつけられて空間提案されている。

生き方に対する価値観が確固としていれば、自ずと小さな空間の蓄積が時間軸上に展開され、街の命は生き生きと開花するという信念が見受けられた。

（三谷徹）

タジマ奨励賞 20

直井美の里
三井崇司

愛知工業大学

CONCEPT

南方貨物線は建設が途中で中止された未成線であり、現在でも50%以上のコンクリートの塊を街に残している。そこで、街に溶け込み無秩序に使われてしまっているマイナスの廃線跡に緑道をつくり、まちにプラスの要素として存在する廃線跡を復活させる。南方貨物線を復活させる象徴としてツバメを取り上げ、ツバメの訪れるまちをつくる。人々の彩りが生まれるとき、ツバメはまちに戻ってくる。

支部講評

設計競技や卒業設計では、たびたび計画場所として登場する感のある高架橋に対し、果敢かつストレートに取り組んだ作品である。市街地を分断するように延伸する工事途中の高架橋に、自然を対峙させることで、人や生物の立体的居場所へと転換を図っており、それらがつくり出す風景は、淡く、やさしいプレゼンとは裏腹に、ダイナミックで強い意思を感じた。逆に言えば、地区事情に合わせたきめ細かいアクティビティのバリエーションが、もっとあっても良かったかもしれない。依然、取り残された高架橋はまちの中で暗い影を落とし続けている。今からでも遅くはない。これからの50年先を見据えた模索が始められないものであろうか。

（谷田真）

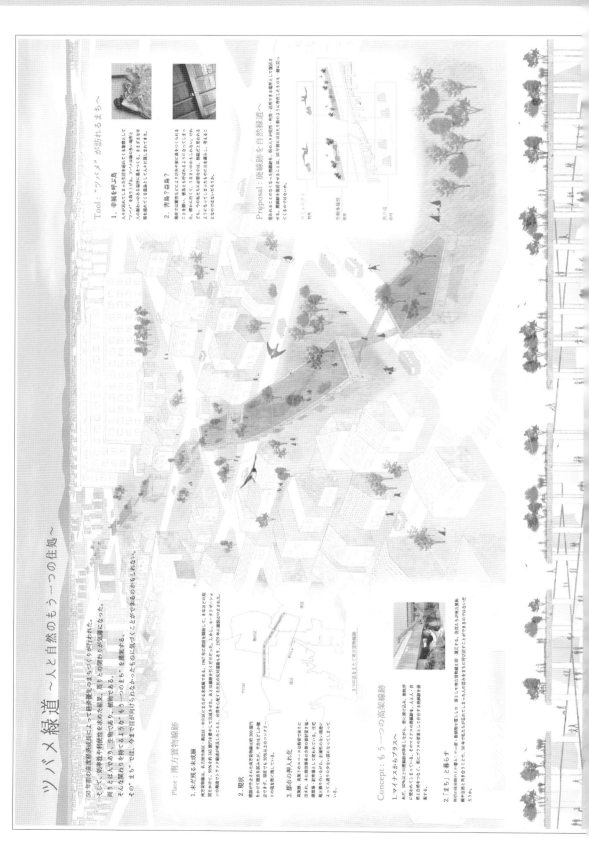

全国講評

本計画は、名古屋市内3区にまたがり残された未成線高架を題材としている。この「南方貨物線」は高度成長期の1967から8年をかけて建設されたものの、開通することがなく放置されてきた。マッシブなコンクリート構造物は撤去にも費用がかかり、分断されたままその50％以上が住宅街の中に残されている。本作品は、この高架上を緑化し、緑道に沿った水場や畑を配するとともに、高架下を風の通るデッキとして利用することで地域の施設として生まれ変わらせたらどうであったか、という提案である。害鳥とも益鳥とも呼ばれるツバメをネーミングに使用し、「邪魔だったもの」を「益のあるもの」に転換しようという意志が表明されている。高架上の緑道には様々な生態系の活動を促し地域住民のコミュニティを育む田んぼや畑、水路が配され、高架下では収穫祭が催される。

高架下の利用は上部が使用されている場合には交通振動や所有権の制約を受けるが、この場合はそのしがらみがない。その自由度を考えるともう少し高架上に人を楽しく導く工夫や、高架下を常時有効に活用する提案、人々をその気にさせるシンボリックで魅力的な建築的インスタレーションがあってもよかったかもしれない。しかし撤去困難な高度成長期の負の遺産を公園化し前向きに生かそうというアイデアは大変意義深いものであり、「なぜ実際にやらないのか」と思わせるようなリアリティが高評価を得た作品と言える。

（竹内徹）

タジマ奨励賞 39

上東寿樹
赤岸一成
林聖人
平田祐太郎
広島工業大学

CONCEPT

広島県呉市の蔵本通りには、「赤ちょうちん通り」と呼ばれる屋台通りがある。かつて栄えていた屋台は減少の一途をたどっており、現在では11軒にまで減少している。現在の都市開発の中で失われた、地域住民に寄り添うことで得られる屋台のにぎわい。その何ものにも代えがたい暖かさを、屋台が生活・まちの中に潜在させることで、知らず知らずのうちに享受することはできないのだろうか。そんなもう1つのまちを提案する。

支部講評

屋台という仮設的で移動し安価で非日常のにぎわいを呼び寄せる機構をお祭りのような非日常としてのにぎわいでなく、日常の都市生活のなかに組み込むことで、街をたのしくにぎわいのあるものにしようとする提案である。20世紀の都市の近代化のなかで、人間が疎外されることを防いでいるのは大都市でも駅前の戦後の闇市からの飲食街のような安価で仮設的ともいえる空間の親密さを保持している空間性が大きな役割をもっている。このような安価な仮設性は市場的なにぎわい性と密接に結びついている。この提案はそのような機構をより普遍的な街の要素といちづけているところに、これからの街の未来への提案としての楽しさがある。

（岡河貢）

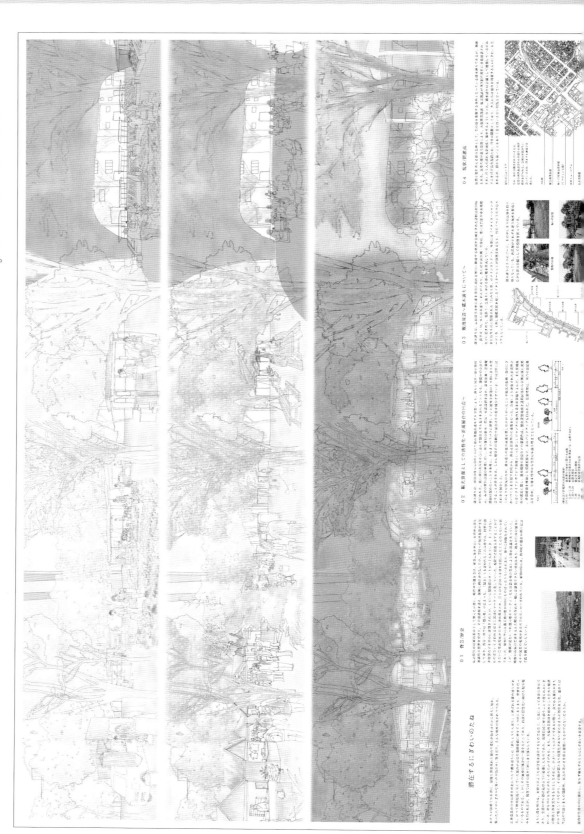

全国講評

広島県呉市堺川蔵元通り周辺にかつて活況を呈していた屋台を呼び戻し、失われてしまった賑わいを取り戻そうという試みである。現在、蔵元通りは公園化されており、時折イベントや屋台が設置されるものの一時的であり、普段の賑わいは大型商業施設のある駅南側に移動してしまっている。そこで川辺の空間に、仮設の屋台を収納する屋台蔵や川辺に張り出したデッキ、イベントを行える大屋根などを配し、季節と時間帯に応じた「にぎわいのたね」を演出することが提案されている。ヨーロッパの広場などでは日常的に見られる風景であり、アクティビティとしての提案は具体的かつ十分な実現性を有しているように思われる。その一方でコンクリートをイメージしたマッシブな大屋根に対する違和感や建築装置としての提案内容にやや物足りなさを感じないでもない。ブラジルのような暑い地域ではコンクリートで覆われた「日陰」の広場が安らぎの場となるが、そのような意図であろうか。道路を跨ぐ大屋根の役割も今ひとつ不明瞭である。川辺に展開する可動屋台のシステムの具体的な提案もあってよかったかもしれない。しかしながら以上の点は個別の構成要素に関する感想であり、ドローイング全体では時間帯に応じて屋台が変化する広場の賑わいが魅力的な暖かいスケッチで上手に表現され、情緒のあるやすらぎを感じられる作品となっている。

（竹内徹）

タジマ奨励賞 46

西村慎哉
阪口雄大
岡田直果
広島工業大学

CONCEPT

高齢化の進行、それに伴う空き家・空き地問題や人口の一極集中等による古き良き街並の喪失は大きな社会問題であると言える。本計画では住宅の単位を3〜4世帯といった多世代住宅を一つのまとまりとして考え、世代間の交流を生みながら街全体の繋がりを強くしていく計画である。土間や間室を通して、お互いに関係の持った住宅は道や広間をつくりながら街並を形成していく。世代を超えて街並を継承し古き良き街並を守っていく。

支部講評

この案の新しさは、ごく普通の木造の住宅の要素である室が分離され、それぞれが曖昧な距離と隙間によって結び付けられ、また分離された住宅がまた住宅同士で曖昧な距離と隙間によって結び付けられ分離されることによって、地域そのものが内部であり外部である集合のしかたと人間の結びつきと距離が空間性として提示されていることである。
このゆるやかな生活と行動の空間性のありよう、つまり外部と内部が境目によって逆転し、あるいは隙間が柔らかく空間を結びかつ分離することで建築や地域が成りたっていたのはまぎれもなく、日本の伝統的な庶民の住まい方であった。そのような懐かしくまた新しい空間性としての地域が提示されている。
（岡河貢）

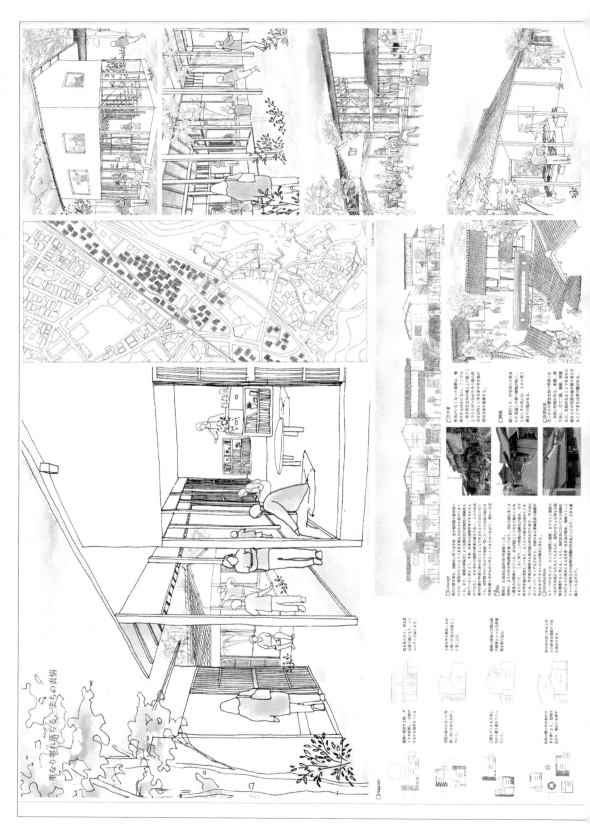

全国講評

高齢化が進み、空き家が増えることで失われていく広島市西区草津の伝統的な街並みを保存するために、住手のいなくなった住宅をオープン化・公共化し、伝統とにぎわいを取り戻そうという提案である。空き家の低層部の外壁を撤去して外部のデッキと一体化するというアイデアは面白いが、現実には耐震要素や雨仕舞いが必要であり、実施の際にはおそらくガラス戸や雨戸が境界部に介在するのであろう。ではオープン化した空き家は何に使われるのであろうか。ドローイングには「コミュニティの場」「店舗」「公共の場」という言葉が垣間見える。過疎化した街においては人が集まる魅力が創り出せなければコミュニティは形成されず店舗も成立しない。平面図に見る人々のアクティビティは住宅とあまり変わらないように見受けられる。もう少し改修された建物をどう使うかという具体的なプログラムが平面図やパースに表現されていればもっとよかったかもしれない。残したい「草津民家」の街区の佇まいを提案する手法でどのように保存するのかも聞いてみたい点である。その一方で、各住戸の低層部の壁を取り払い、デッキや外部空間と繋げていくことで空間が一体化されていく様子が上手に表現されたパースはなかなかに魅力的であり、味のある作品に仕上がっている。

（竹内徹）

タジマ奨励賞 67

武谷創
九州大学

CONCEPT

衰退の一途をたどる地方都市の商店街は、過去の何かが変わっていたとしても、もはや今の状況は打開できなかったように思えてしまう。枯れていく50年間ではなく、豊かな形で場所が更新されていく50年間を提案したい。手法として、商店街のアーケードを空間化し小学校とする。商店街が衰退することを逆手に取り、学校と街が連続していく。両者の関係が希薄になってきた時代の流れに逆らい、この場の二つの姿は美しく変貌していく。

支部講評

本提案は、地方都市のアーケード商店街の将来的な衰退を否定せず、むしろその際の用途・機能の転用による空間活用を目指したものである。商店街の上部をつなぐアーケード部分に小学校を配置し、子供の見守り、コミュニティとの日常的な接触、教育プログラムによる疲弊後の空間活用を図るものであり、転用による空間利用とアクティビティによる継続的な賑わいが期待できる提案となっている。ただし、商店街の通風や採光等環境面に課題が残るとともに、安全面や運動場などの必要機能の確保や少子化に伴う必要空間の減少に対する方策や提案があるとより優れた提案になると思われた。

（鶴崎直樹）

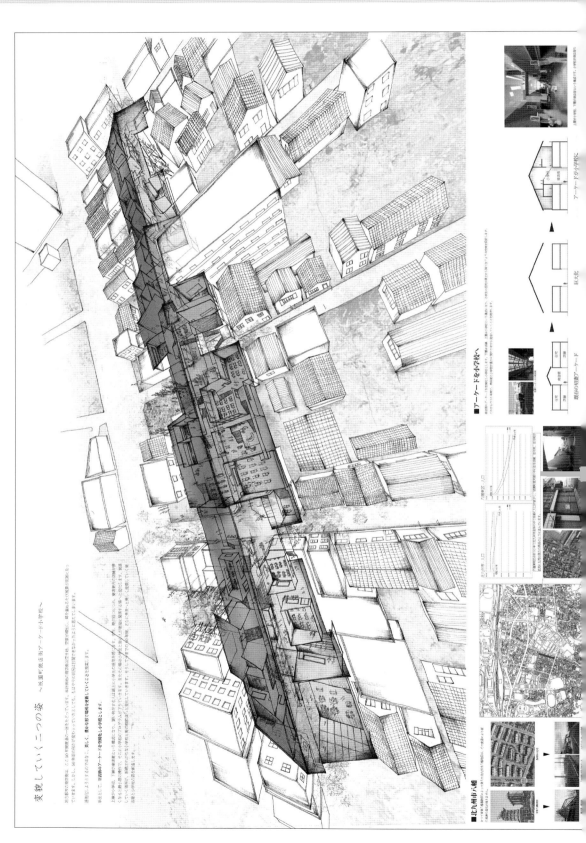

全国講評

衰退しつつある地方都市の商店街アーケード上に小学校を建設したら、という野心的な試みである。場所は北九州市八幡地区。かつては製鐵所で働く多くの労働者やその家族が疲れを癒し、日常品を買い求めた賑わいの商店街は労働者や住民の減少とともにしだいに寂れ、シャッターや空き地の目立つ通りへと変わっていく。提案者はこの空隙に小学校という賑やかな施設を挿入することで活気を取り戻そうと考えたのであろう。アーケード上部に小学校施設を設置するための動線計画や構造システムに関しても丁寧に説明がなされている。もっとも商店街の上に小学校がある必然性や、小学校があることによる商店街の活性化の効果、また小学校にとって商店街の上に存在するメリットは何かという疑問に対し、提案が十分に説明しているとは言い難い。その一方で、空き地になってしまった広場をギャラリー化しこれを見下ろす渡り廊下を作ったり、学校の図書館を商店街に公開したり、空いたスペースに畑やギャラリーやステージを作って学校のアクティビティとして利用したりと建築的な見せ所が多く、楽しい作品に仕上がっている。商店がなくなった場所は学校施設に置き換わり、新しい店が出店したら再び商店街に復帰する。あるいは作者は消えゆく商店街が徐々に学校に置き換わっていくプロセスを提案しているのであろうか。そのように考えると興味深い作品である。

（竹内徹）

支部入選作品・講評

支部入選 1

庄野航平
早稲田大学大学院

CONCEPT

区画や道を中心として成り立つ建築ではなく、建築やそれを取り巻く自然空間が触知覚的に連鎖することによって見えてくる道以前の"みち"や繋がりの提案。アイヌがもつ民俗様式、地理的把握・空間把握方法を手法化することを目的とし、小さな空間の集合や自然因子、そこに介入する様々な現象によって初めて空間や場として現れてくるもの、それぞれの空間が連鎖して一つの風景を生み出すことを提案する。

支部講評

敷地はダム建設により、湖の底に閉じ込められてしまったアイヌ民族の聖地「二風谷」。提案はアイヌの人々が持つ民俗様式、空間把握方法を手法化し、限りなく自然に近い境界を持つ共生風景を創出しようとするものである。アイヌ民族の世界観や技術などを入念にリサーチしたうえで、設計者がそれを咀嚼し再構築するという堅実かつ丁寧なプロセスを積み重ね、現在日本が持ち得なかった豊かな風景、建築、そしてまちを生み出そうとする強い意欲に心惹かれた。
（赤坂真一郎）

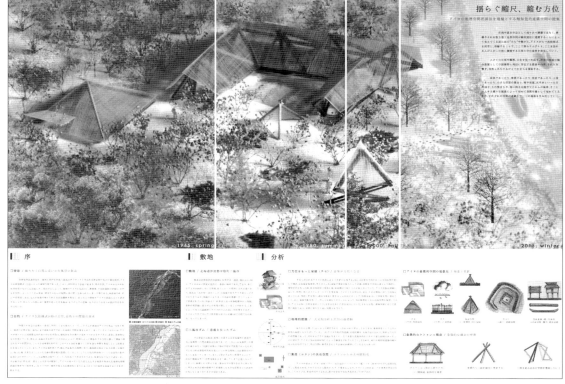

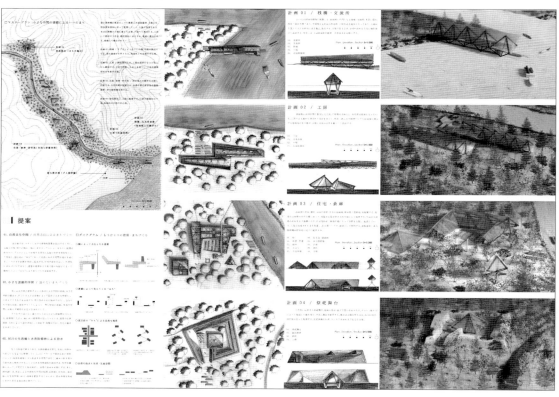

支部入選 2

塚越竜也
王ハンユ
桂田啓祐[*]
櫻井太貴[*]
竹内香澄[*]
室蘭工業大学大学院　室蘭工業大学[*]

CONCEPT

敷地は北海道北西部に位置する増毛町。日本海と豊かな自然に囲まれ、レトロな建物が昔ながらの街並みを作り出している。この街は歩くことで多くの産業や文化、歴史、自然を磯の香りや人々の声を通して感じられる。しかし、国道開通と同時期に車を中心とした計画がなされた。点在する要素を屋根で結ぶことでかつての駅からはじまるまちの風景を取り戻す。
北海道の小さなまちに"まちを楽しむ道"という名の建築を提案する。

支部講評

北海道日本海沿岸には明治期ニシン漁で栄えた集落が数多く点在している。それらは、険しい断崖で閉ざされ陸の孤島と呼ばれていた。計画対象地の増毛町は、そうした集落のひとつである。大正期鉄道終点駅ができ、街の人びとと自然が調和し、この土地固有の歴史的な街並み風景が継承されていた。しかしおよそ50年前に陸路を貫く国道が開通し街が激変する。
提案は、国道開通でニュートラル化する街を批判、かつての街の風景を取り戻すべきとした。そのため雁木建築をループ状に配し、街と人の交感装置とし、歩行者の五感でのコミュニケーションを誘発させ、コンパクト化による街の再構成と再発見を目指す。その直截さゆえの強度ある構想力を評価した。
（山之内裕一）

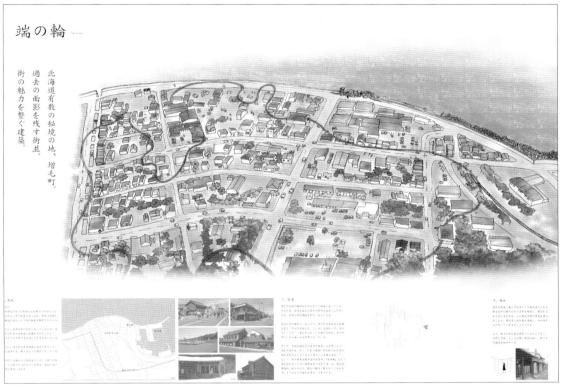

端の輪

北海道有数の秘境の地、増毛町。
過去の面影を残す街並。
街の魅力を繋ぐ建築。

支部入選 3

伊藤千智
東北工業大学

CONCEPT

宮城県塩釜市は漁港で栄えてきた土地である。
海が生活の一部として根付いているのは漁業関係者だけで、塩釜の人々すべてに関わっていない。海に触れ合える環境が身近にあれば人々が海に対する考えが変わり地域への愛着(幸福度)が大きく変わり、人口の減少や観光地としての考え方が変わっていたのではないかと考える。私は陸と海の移動手段を引き合わせることにより新たな塩釜の魅力の入り口になるのではないかと考え設計をした。

支部講評

震災後の宮城県塩釜市港湾周辺の改修計画である。かつての塩釜港駅やその線路を手掛かりとして、敷地を読み解き機能と空間を再編し、新たなつながりを創出させる提案内容は一定の評価を得た。また大規模な再開発ではなく、小規模なプロジェクトと現実的なアプローチを前提とした姿勢も、現在の社会状況や地域条件とも符合する。これらの点から東北支部選出作品として推薦するものである。他方、周辺を含めた港湾全体の将来像が不明確であるとともに、改修後の空間が利用者にとってどのように魅力となるのか、全体としてプレゼンテーションの質が不足しているなどの指摘もあった。これらの点を含めて応募者の今後の奮闘に期待したい。

（坂口大洋）

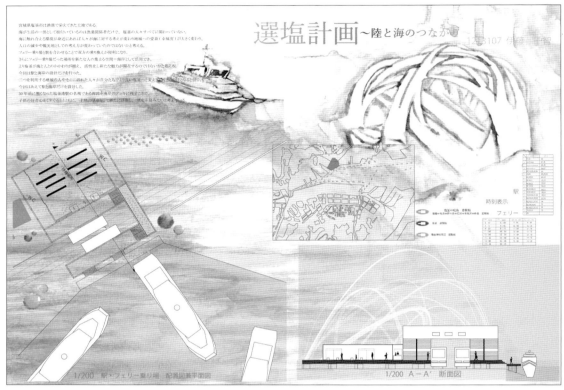

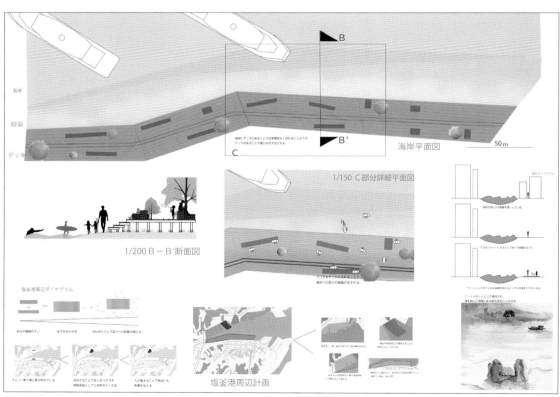

支部入選 5

竹村涼
渕野駿
村田早矢斗
千葉大学大学院

CONCEPT

東京の50年の発展の中で、個人の多様性を表現する空間と管理を必要とする機能の空間の2つは制御不可能なほど複雑に入り混じってしまった。現代においてそれは、市街地の密集化や災害に対する脆弱さ、ライフライン設備の複雑化などに表れている。
この2つの空間性に対応するため、住宅のスケルトンを2つに分離する。1つは自由な居住空間となるスケルトン。もう一つは電気・水道・ガス・交通などのインフラを担うスケルトンである。

支部講評

建築と都市における様々な問題提起を行い、当時の学生にはバイブル的な存在であった「都市住宅」という建築雑誌が創刊されたのは、今回の競技課題とリンクする47年前の1968年である。本作品には、その時代の例えば「都市住宅」に掲載されたかもしれない作品の一つになり得るのではないかと想像させる力を感じた。
50年前の渋谷本町に、公的な組織が都市インフラを内包するスケルトンまでを提供し管理したという設定下のタウンハウス案である。スケルトン／インフィルではなく、インフラスケルトンという造語を使いながら、ハード面だけではない地域コミュニティの醸成も視野に入れた秩序ある都市の発展と自由な住宅設計の両立を図るという主旨に共感した。

（藤野敏幸）

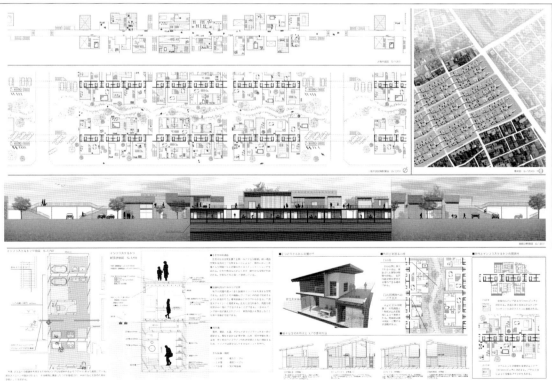

支部入選 6

吉村亮毅
塩田佑太郎
東北大学大学院

CONCEPT

車道を公園化し、地上をすべて歩行者空間とする提案。
60年代の都市インフラを継承しながらも、段階的に「都市の外科手術」を施していく。交通インフラを高架と地下に集約し、地上の道路を全面的に緑化、歩行者空間として解放。さらに建物を新築する際にフットプリントを最小限とし、地上に巨大なピロティを設けることにより、2015年までに「地上総緑化」を実現。本提案では、人々はより自由に活動し豊かなアクティビティが実現する。

支部講評

成熟社会を見越した都市、自然が身近にあり人の多様な活動を生み出す歩行者中心の街、そのための新しい交通システムのあり方がテーマである。
50年前に遡り、段階的に車は高架、鉄道は地下、地上は自然＋歩行者の三層レイヤとすること、高架をさらに高くし、通常デメリットとされる高架下の空間を明るく水と緑あふれる活気のある空間とするという大胆な発想は評価できる。
400m毎に設置するハイウェイステーションは地上と高架道路をむすぶノード（結節点）であり、商業施設や自立型エネルギーシステムを組み込んだ新しいコミュニティ空間となることを期待させるが、地下鉄、リニアとの乗り換えのしくみや新しい都市機能を取り込む更に踏み込んだ提案があればなおインパクトがあったと思われる。

（鉾岩崇）

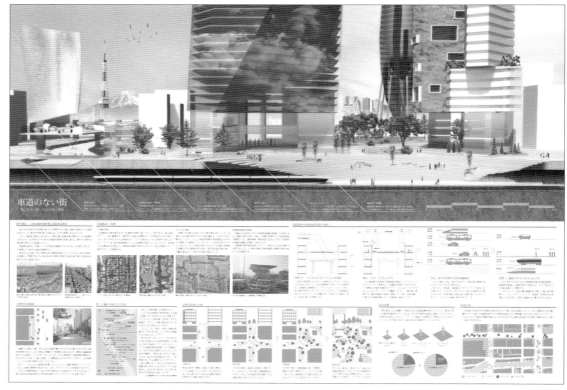

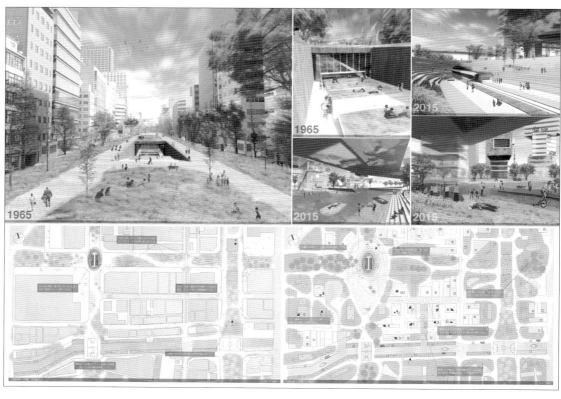

支部入選 7

金子眞央
榎本恭子
久野未理
千葉大学大学院

CONCEPT

かつて水運によって支えられていた日本の生活は、川の廻りで営まれていた。
しかし、時代の変化に伴い、鉄道や車社会を迎える中で水運は衰退し、川は徐々に都市の裏側へと追いやられていった。例として、1964年の東京オリンピックの際に首都高が整備されたことで、今もなお多くの川が暗渠化している風景が当たり前となっている。
私たちは50年前に遡り、川との関わり方を問い直し、その廻りで営まれる「豊かさ」について提案する。

支部講評

50年前に遡り、水辺との関わりを持ち続けた場合の「豊かさ」を問う作品。築地市場のオルタナティブ提案。市場の機能をはしけに乗せて水に浮かべている。はしけは交換可能なユニットで増やすことも減らすこともできる。また、使わなくなったはしけは将来的に別の場所で再利用される。現在では都市の裏側と化している水辺空間を表として扱うという仮説の可能性が評価された。市場の拡大縮小に合わせて増減するはしけの風景は変化を伴いながらも場所のアイデンティティーを伝え続けるだろう。
はしけの風景の周りで展開される陸地側の豊かさも提案すればさらに魅力的な案になる可能性に満ちている。
（宮部浩幸）

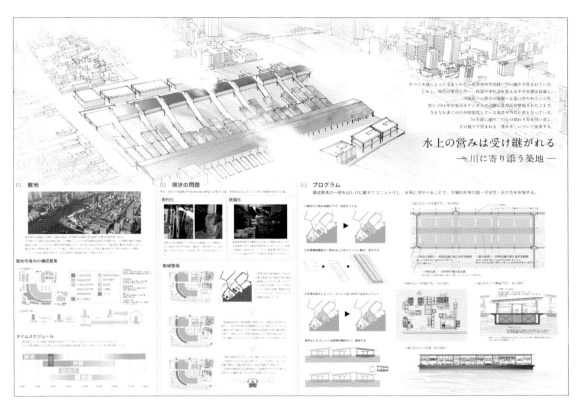

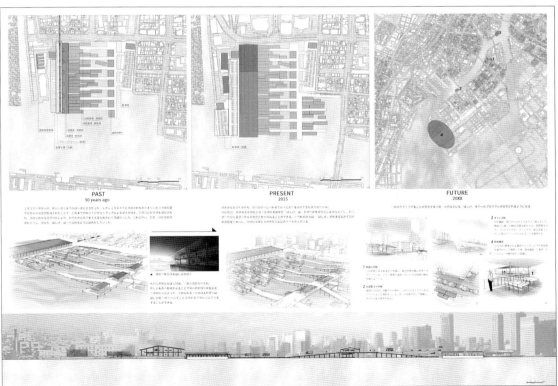

支部入選 9

冲中翼
佐々木健
新庄沙紀
早稲田大学大学院

CONCEPT

本提案は高度経済成長期のさなかに失われてしまった、まちと建築の多様性を取り戻すものである。

敷地は江戸川区小岩である。計画は小岩用水上のヤミ市、ベニスマーケットが50年前に解体されることから始まる。

本来なら暗渠化されてしまう用水を多様な行動が生まれる場所として再定義する。

透過性の高い回廊で用水を囲い、時代が移り変わっても存在し続ける「確かな余白」として計画し、小岩の将来像を描く。

支部講評

成長社会において喪失してきた自主的多様性の復活がテーマである。ここで提案されている自然、多様性、新しいコミュニティのあり方は今、日本が直面している成熟社会が求めるまちの姿でもあるといえる。

合理性、経済性から消滅したベニスマーケットの記憶を引き継ぎ、暗渠化する運命にあった小岩用水を親水空間として残すという着想について既視感は否めないが、その空間を「確かな余白」として持続させる仕掛けを「ガラスの回廊」として提案しているのは面白い。

また、「外」についてはコントロールできないものとして「内」をいかに守り持続させるかという割り切りも潔い。

欲を言えば用水にかかる橋と橋詰にコミュニティを活性化する更なる試みが提案されてもよかったのではないか。

（鉾岩崇）

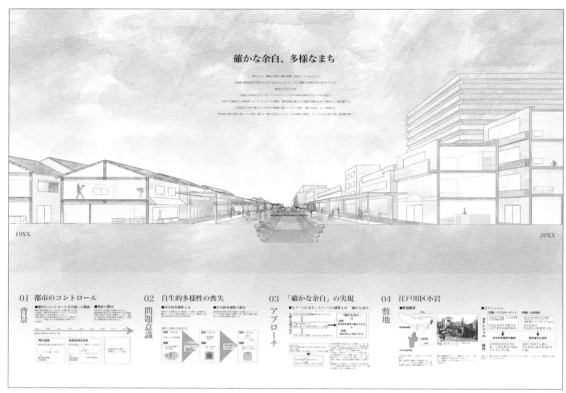

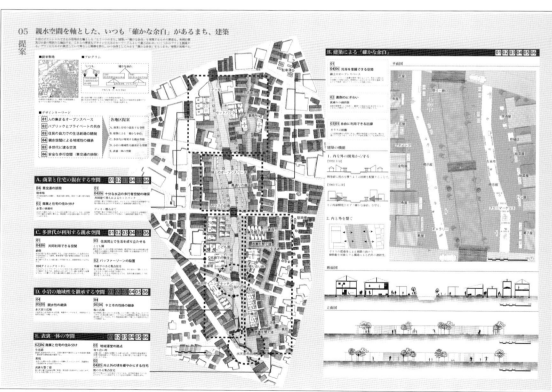

支部入選 11

辻佳菜子
坂田達郎
中村美香
東京理科大学大学院

CONCEPT

「豊かな生活」=「まち単位の小さなつながりが身近に存在すること」ではないだろうか。従来の銭湯が持っていた「まちのコミュニティの核としての可能性」を「銭湯のプロトタイプの再編」によって引き出し、「地域性」を持った開かれたまちの拠点として再び捉え直す。さらに銭湯特有の資源をまちで利用していくことで、銭湯のありかたを更新していく。銭湯は現代まで存続され、まち単位で点在し、暮らす人々に豊かさを与えていく。

支部講評

この作品は、場所ごとに小さなつながりが身近に存在することを、豊かな生活と位置付けた上で、「小さな[ゆ]たかさの点在」という気の利いたフレーズを使いながら銭湯という場を題材としている。
綿密なロケーションの設定とともに、銭湯における資源リサイクルや防災機能の可能性など、現代的なテーマにまで踏み込んだ提案である。漫画家西岸良平氏の画を彷彿とさせるような温かみのある表現で、過去（1965年）と現在（2015年）の銭湯の姿を一枚の同一の絵で描きながら、同時に点景に描かれている人の服装の変化を細部に亘り描き分けるなど、50年という時間軸の中で変わらぬ姿の建築を通じて、普遍的な豊かさとは何かを素直に表現した作品に仕上っている。

（藤野敏幸）

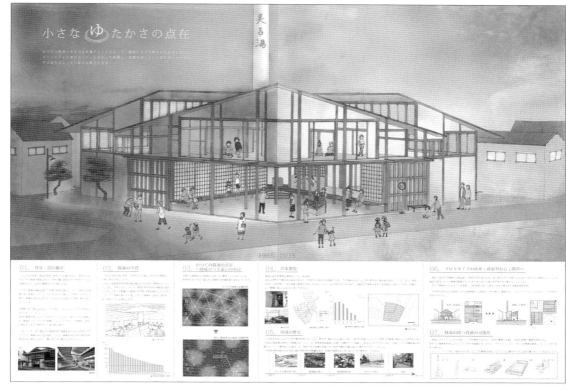

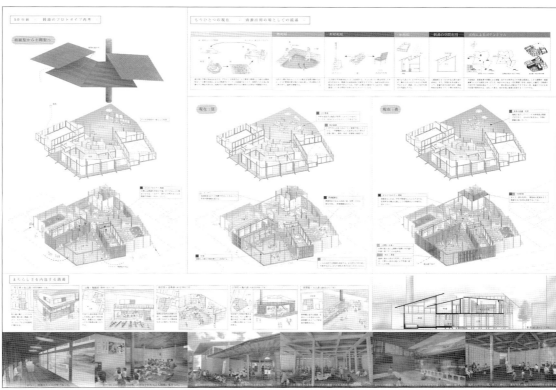

支部入選 12

進藤英明
五十嵐大輝
本山真一朗*
山岸隆

東京理科大学大学院　東京理科大学*

CONCEPT

「新金貨物線」は葛飾区を縦断する唯一の路線であり、50年程前から街での在り方が問われ続けてきたが、近年では工業の衰退と共に利用が激減した。その沿線には溢れ出した街のモノが乱雑に放置されるようになった。
今一度立ち戻って、「新金貨物線」の街での在り方を問い直す。散在していたモノを街のコンテクストとして集約し顕在化させることで、街や人とを繋ぐインフラとなり、この路線のもつ本質を継承し続ける風景を描く。

支部講評

東京都葛飾区を縦断する「新金貨物線」の有効活用を提案した作品。貨物線の線路を活かして移動する3種類のコンテナ移動施設と、それらが停車する3つ駅のような場所の提案。移動施設のコンテンツは沿線に点在するものから導き出された「工芸品ギャラリー」「移動図書館」「移動菜園、野菜販売所」で駅の方はこれらのコンテンツの拠点となる施設となっている。普段は背を向けられた場所を表にすることで街の性質を表出するあらたな公共スペースが生まれている点が評価された。
線路が区を縦断している点をうまく生かし、いくつかの駅と移動コンテナを作るだけで効率的にサービスを提供していける点をもっと強調すれば、この50年間にいくつも作られたハコモノ公共施設のオルタナティブとも捉えられる。

（宮部浩幸）

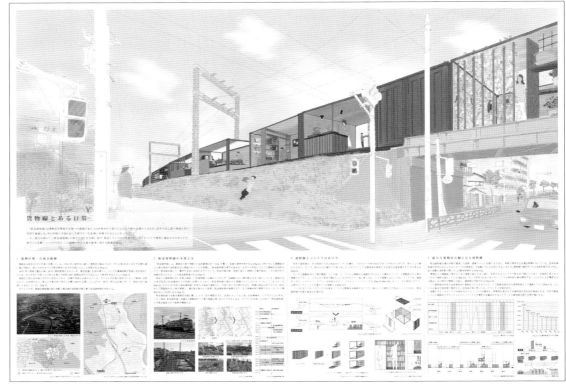

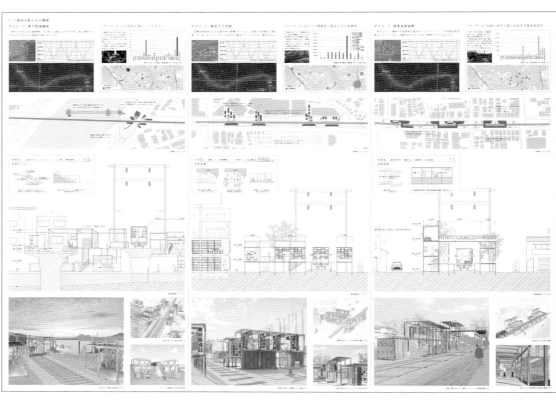

支部入選 13

小幡泰章
伊藤信舞
芝浦工業大学大学院

CONCEPT

人は機能や利便性としての価値を求めてきた結果、建築は本来の空間としての価値から離れてしまった。
何もない場所は、言い換えれば何にでもなる場所でもある。
自然や人は曖昧で、はっきりとしたものでない。
人々のふるまいに建築空間はまとわりつくように存在することで、普段の生活でのちょっとした変化に気がつくだろう。
人が人らしく生きるために、豊かさを忘れないために。
わたしたちは自然の一部として生きるように。

支部講評

効率主義のアンチテーゼとして、空白の空間の意義を問う案である。高密度な敷地において、所有される床を積み上げ、それ以外の所有されない床を空白として位置づけたのは明快であるし、そこに箱と隙間の形式を重ねることで魅力的なイメージが示されている。しかし、空白を、機能を持たない空間とするなら、それは意識や使い方によって常に変化するものと言えそうであるから、特に、まちのレベルでの提案としては、この形式で対応しきれるのか疑問も残る。空白の定義をもう少し限定するか、あるいは、魅力的な空白をつくることが共有の目的になるような状況設定について、もう少し踏み込んで提案があれば、さらに良かったかもしれない。

（伊藤博之）

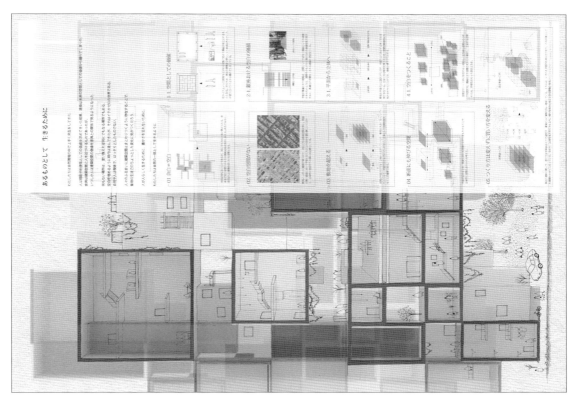

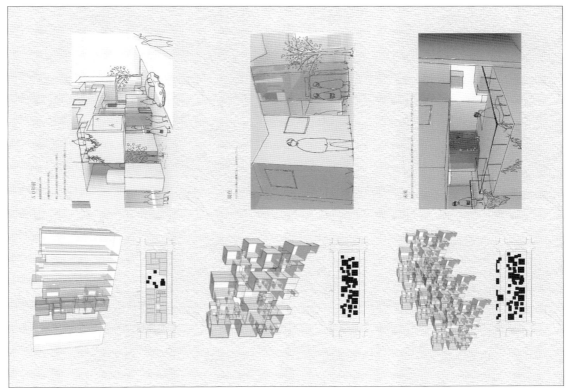

支部入選 14

齋藤直紀
東京理科大学大学院

CONCEPT

リセットできるということは、現在のこの町に必要なものを知った上で計画できるということだ。
50年前に遡り、三つの映画館を介してこの町の風景を再編する。

高崎市の文化である映画と商業、そして住環境の領域が重なり、それが公共性を帯びていく。
再び映画が町に溢れることで、この町やここに住む人たち、ここを訪れる人たちに活気が生まれていくのではないだろうか。

支部講評

用途が混在する多様な環境がまちを活性化する。分断された商店街と住宅地を映画館を通していかにつなぎ、まちに多様性をもたせるかがテーマである。同じ時間と空間の中で感動を共有できる映画館はひととまちを「つなぐ」装置として相応しい。50年前の時点において存在している3つの映画館を、残すべき部分は鉄筋コンクリート造の構造体で補強し、それ以外を経年的な老朽化により自然消滅させるという手法で、閉鎖的であった商店街にヌケをつくり、新しいコミュニティの場と、回遊性を生み出した。
まだ経済成長が続く前提での開発を見越しつつ、その時代のストックを貴重な資産として生かしながら、やがて来る成熟社会に向けての布石を打っておくという発想は評価できる。

（鉾岩崇）

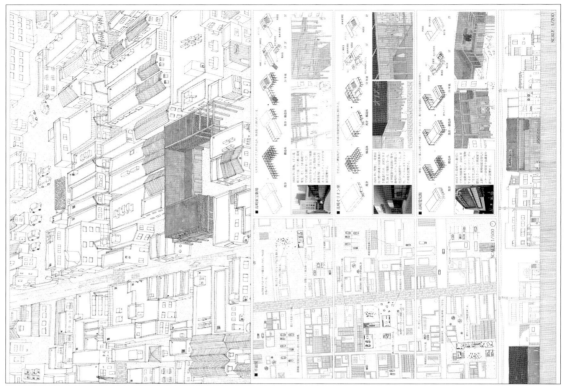

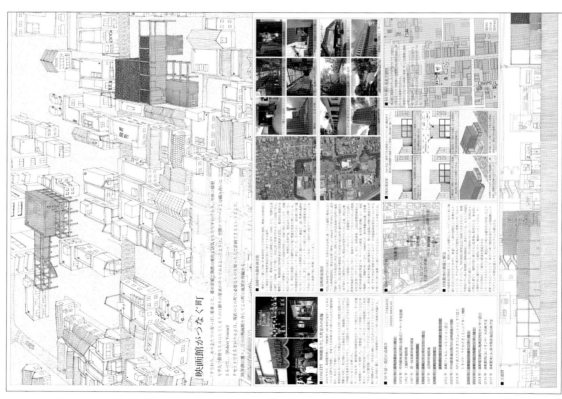

支部入選 15

小田将司
仲尾梓
濱本清佳*
東京理科大学大学院　東京理科大学*

CONCEPT

階段を有する路地に取りつく住宅地は、段差によって歩車分離がされた路地を核として地域コミュニティを形成できるポテンシャルがあると考える。

文京区大塚5丁目は、都内でも有数の階段の密集地である。また、春日通りの拡幅計画に伴い、大規模な建て替えが行われた地域でもある。

50年前にはあった、地形に沿った都市空間の姿を参考に、現代の住まい方として「階段のある斜面地における居住」の可能性について考察・提案する。

支部講評

本応募案は、東京の微細地形に着目し、斜面地における住まいかたを考察したものである。地形とその居住環境、地域活動やコミュニティについて丹念に読み解き、かつての状況である小規模な段差（緩やかな斜面）と、現状の統合された段差（急な落差、崖）とを対比的に捉え、前者の50年前の状況に立ち返って、路地・階段・坂道とそれに連結する複数棟の建築を計画し、あるべき姿を提案している。課題主旨ともよく適うもので、秀逸な表現も高く評価される。

惜しまれる点としては、建築と路地（階段）との分離が挙げられる。建築内部空間の高低差を工夫し、それが外部の路地（階段）と有機的に繋がると、なお魅力的な提案ができたと考えられる。

（小岩正樹）

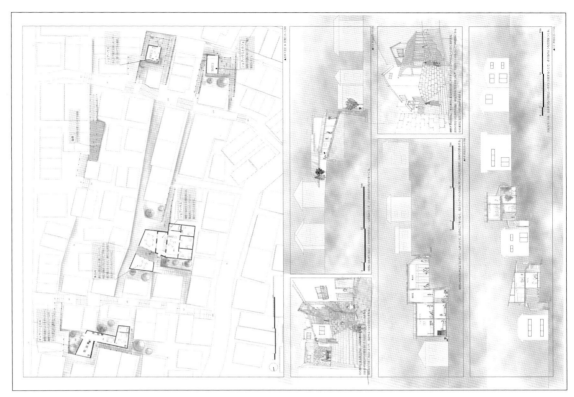

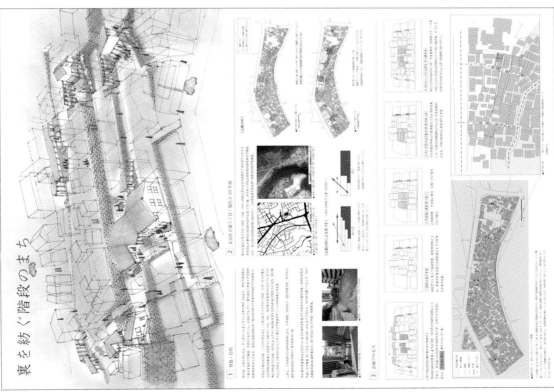

裏を紡ぐ階段のまち

支部入選 16

古田博一
久保京介
日本大学大学院

CONCEPT

50年前排水により酷く汚れていたとされる川は、自ら自然へ及ぼしている影響を語る最大の空間でした。しかし、東京は下水道の普及によりその小さな河川に蓋をしました。私たちは、衛生的で利便性の高い生活を手に入れたと共に、自分たちが自ら自然へどのような影響を及ぼしているか感じづらい暮らしへと変わってしまったと思います。本提案ではそうした意識から、排水から考えるもう一つの東京を提案します。

支部講評

小さな共同体で共有する浄化槽をもちいて、生活排水を浄化し、水路や河川に放流する。浄化槽の管理や暗渠の開渠化によって、人々の意識を、水の循環、ひいては狭／広域の環境へと向ける。さらに、浄化槽に併設された公共の場での集いと、水路のある風景によって、人々の、地域と自然へのつながりが生まれるという、説得力のあるストーリーが描かれている。浄化槽を含む施設が防災拠点となる点も重要だろう。

増水時、平常時の安全対策や、水路と車道との共存など、幾つかの課題はあるとしても、近隣から地球規模まで貫いた意識を育む提案は、場所への人の帰属と、環境の問題について、大きな意義を持っている。

（伊藤博之）

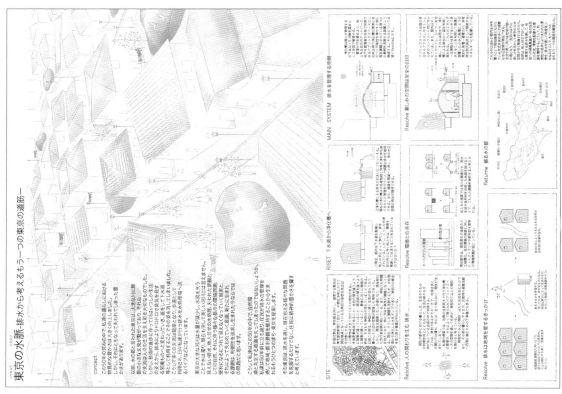

東京の水脈─排水から考えるもう一つの東京の道筋─

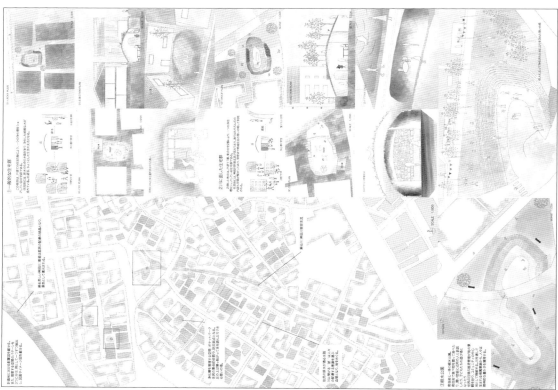

支部入選 17

山本雄一
豊田工業高等専門学校

CONCEPT

Ceramics Road 〜土に還る器は、新しい道を刻んでいく〜

かつて道が舗装される前、人々の生活痕や街並みの変化は道に刻まれていた。
敷地は、愛知県瀬戸市。ここは、明治から窯業で栄えた木造密集地である。そんな情緒溢れる街並みの軌跡を刻む「Ceramics Road」を提案する。土の道が残る50年前に遡って、瀬戸物の廃棄品を舗装に混ぜていく。その道は、長い歳月で釉薬が剥がれて、欠けていく。そこで生まれる軌跡は、街のもう一つの風景となるだろう。

支部講評

淡い表現でまとめあげられたプレゼンから、どこかなつかしく、人に寄り添う優しさが感じられる作品であった。陶片という小さな地場素材を道路表層に埋め込むことで、時間の経過とともに少しずつ表情を変えながら記憶を集積していく道筋として顕在化させ、あったかもしれない、もう一つのまちの姿を描き出している。まちの構造的特徴や住民の営みを丁寧に読み取り、道筋と関係づけながら紡ぎ出される風景は秀逸であり、コミュニケーションを醸成させる場としても説得力がある。欲を言えば、シーンの重なりがさらに多く提示できたならば、線のデザインが点をつなげ、面をつくっていくプロセスが、より鮮明に見えてきたのではなかったろうか。
（谷田真）

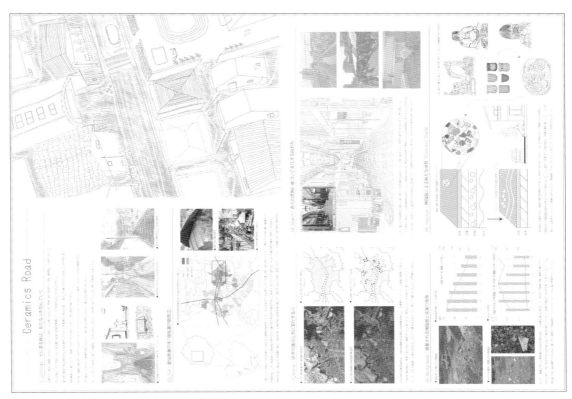

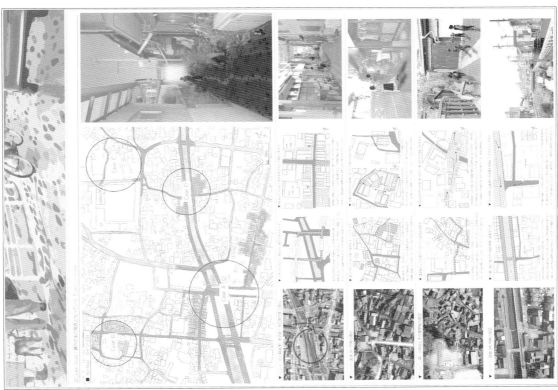

支部入選 18

廣澤克典
名古屋工業大学大学院

CONCEPT

水と踊りのまち
岐阜県-郡上八幡

400年の歴史の紡ぐ水利システムのなかに生活のすべてが生きている。それゆえ、厳しい管理形態のもと幾重にも重なる多層的コミュニティが多様なスケールで存在した。

本提案では、もう一つのまちとして、カタチのトレースではなく「現象するコミュニティ」をトレースし、共有空間を場として継承していくことで、水系と共に生活は移ろいゆく、小さくも豊かな生活像を提案する。

支部講評

とても美しいプレゼンテーションだと思った。郡上八幡の伝建地区は町屋のなかに水路網が立体的に張り巡らされた美しい都市である。その郡上八幡の良さがよく伝わるドローイングになっている。観光地化にともない、水と密接につながった生活様式は中心市街地では失われつつある。「水際の連歌」はそのような状況に危機感を抱き、観光地化と生活空間、産業空間が共存している郡上八幡のパラレルワールドを描いている。さまざまなかかわりで水辺に人が集うことが郡上八幡の強みだと思う。水舟やカワドといった固有の親水空間を応用しながら、水辺に人がいる風景を多様に、魅力的に描いていると感じた。

（早川紀朱）

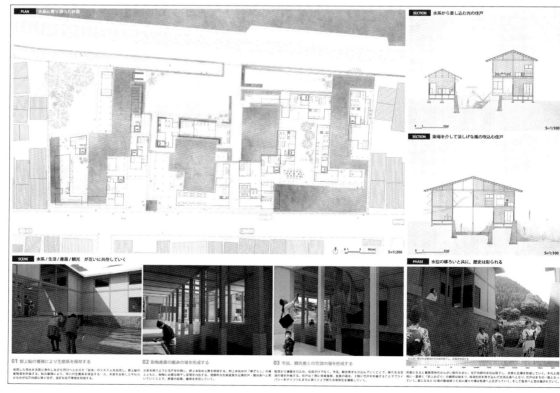

支部入選 19

小林洵也
名古屋工業大学

CONCEPT

かつて、"幻(まぼろし)"そう表現された地震が発生した。愛知県額田郡幸田町深溝。ここには各般に姿形を変えながらも地震の痕跡が少なからず残っている。この痕跡と住人証言を頼りに、一つの道と五つの建築を提案する。

"幻(まぼろし)"となった悲しき地震と戦争の記憶は、人々を繋ぐまちのアレゴリーとして生活に根付き、人生の一部となる。まちを支え、人のために振る舞う、もう一つの"現(うつつ)"の物語である。

支部講評

戦時下の1945年1月に発生した内陸直下型の三河地震は、2000名を超える死者を出したにもかかわらず、報道管制が敷かれる状況の中、十分な救援を得ることがなかった幻の大地震とも言われる。提案は、この史実に着目し、愛知県幸田町に残る断層を建築的な操作によって可視化し、具体的な6つの機能を与えるものだ。あえて断層に掛け渡す架構の乱暴さや、減少する農家との関係に思考を深めるべきとも思えるが、負の痕跡に人々の意識を向けさせる力が建築にはあるのだ、という期待を感じさせる提案として評価したい。なお、提案者の所属する名工大からの応募は、総じて優れたプレゼンテーションにより他大学を圧倒していたことを添えておきたい。

（脇坂圭一）

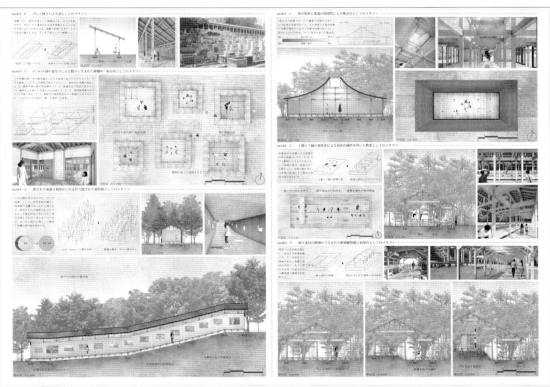

支部入選 23

永井翔大
平松祐大
名古屋大学大学院

CONCEPT

三重県四日市市慈善橋は、50年前再建され、人々に親しまれてきた人道橋ではなく道路橋へと姿を変えた。四日市市では工業化が進み、慈善橋で90年以上続く慈善橋即売場も、移転、撤退の如何を迫られ、姿を消そうとしている。そこで50年前に遡り、慈善橋再建に伴い、市場と一体の新たな慈善橋を提案する。橋を本来あるべき場所に戻し、市場を橋に組み込むことで本来あるべきだったもう一つの建築のなかにに本来あるべきだったもう一つのまちを再興する。

支部講評

現在の四日市からは、その名のもとになった市場の様子を思い浮かべることは困難である。「橋上の再興」は市場が四日市のシンボルであった時代に憧憬を抱き、新しいかたちでの市場のあり方を提案している。ここでは、橋を通行のためだけではなく、フィレンツェのポンテ・ヴェッキオのように商業の場として使うことを想定している。そのため橋上に人々が留まる懐かしい風景につながるのではないかと想像した。オーニングや橋の外装材の提案もしっかりとなされている。一方、パースから市場の活気やエネルギーといったものがもう少し感じられればより魅力的になるのではないかと思った。

（早川紀朱）

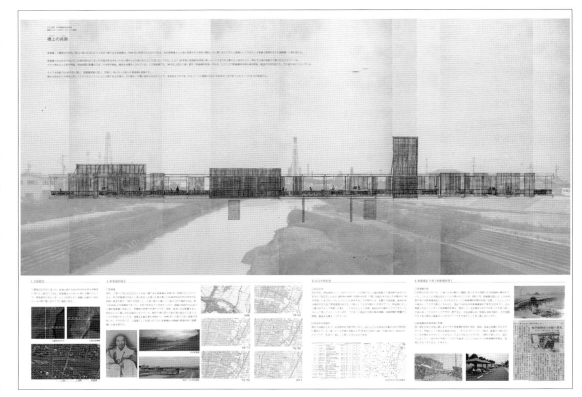

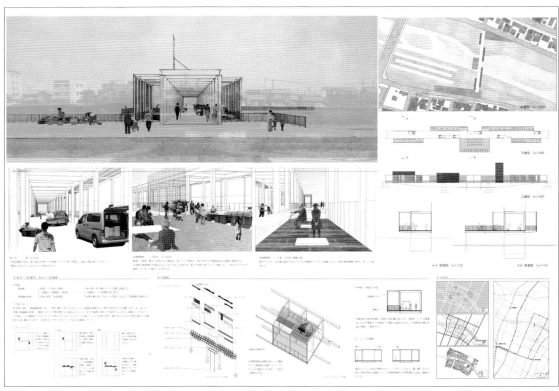

支部入選 24

小笠原聡志
臼井寛弥
豊橋技術科学大学大学院

CONCEPT

高度経済成長期、その中で人々は都市を水害から守るため治水優先の整備を行ってきた。結果として、水による被害は軽減され安心して暮らせる都市となった。しかし、堤防や消波ブロックのような無機質で巨大なボリュームは水辺環境において景観を害し、人と水との距離を遠ざける。本提案では、現在の治水の在り方を見直し、水と共生していくための装置として市街地から海岸までをつなぐ帯を提案する。

支部講評

国産消波ブロックが登場したのは1958年、テトラポッドが日本国内に普及しはじめたのが1960年代。消波ブロックが沖合に連続する眺めは、まさに50年前にはじまったものと言える。海岸線浸食を防止する効果が評価される一方で、独特の形状と色彩から日本の原風景である白砂青松を破壊するものという批判も根強いようである。そのような一種の閉塞状況に風穴を開けようという、一陣のさわやかな風のような提案が本作品である。50年間をリセットし、新たなる日本の原風景を沿岸部の集落との関係性を引き出しながら構築しようという試みが秀逸である。詳細な構造検討、耐久性の高い構成素材や仕上げ材の検討が大いに期待されるところである。

（曽我裕）

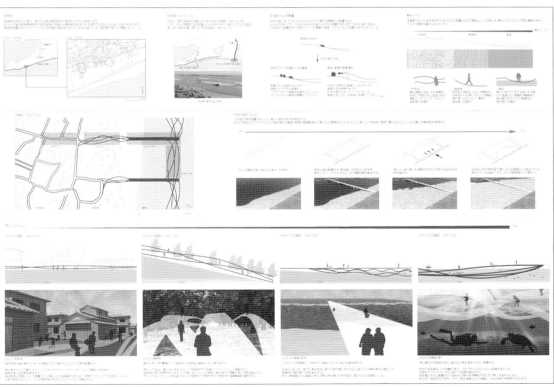

支部入選 25

井上 修
千葉大学大学院

CONCEPT

水都再考 －水のまち、水の建築－

新潟県新潟市は堀を骨格とした舟運の街として栄えてきた。1964年の新潟国体を期に埋め立てられてしまったが、本提案ではそれ以前に時を戻し、堀に関係する4つのモデルを構想する。
祭りや正月など街の気運や宴の終焉の余韻に呼応するように堀の水位は変化し、街の至るところで新潟の鼓動として可視化され、街が活気づく。
ワクワクした気持ちや、寂しいような切ないような気持ちをこの建築は最大化させる。

支部講評

堀を骨格として栄えたみなとまち、新潟。この骨格を喪失する以前にたちもどり、堀をいかしたオルタナティブなみなとまちの未来として、「駅前モデル」、「大堀モデル」、「小路モデル」、「児童館モデル」という4つの具体像を提案している。建築的な追究の程度にはやや不足を感じるが、まちの行事（堀の清掃を含む）と堀の水量の変化を関連づけ、人々のいとなみにあわせて移ろう豊かな水辺空間を構想している。プレゼンテーションにも工夫が凝らされており、提案の意図をよく伝えている。水と人との関係が希薄化したみなとまちにおける、水辺空間の再構築を目指した魅力的な提案として、高く評価できる。

（梅干野成央）

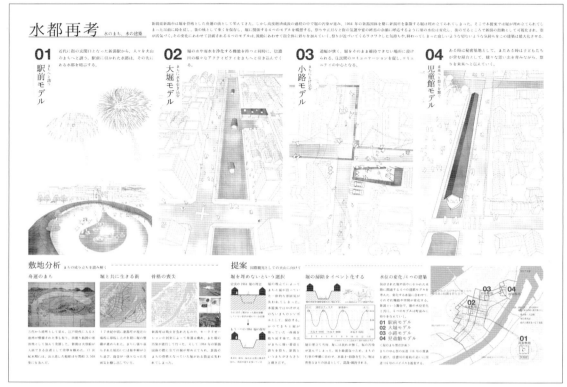

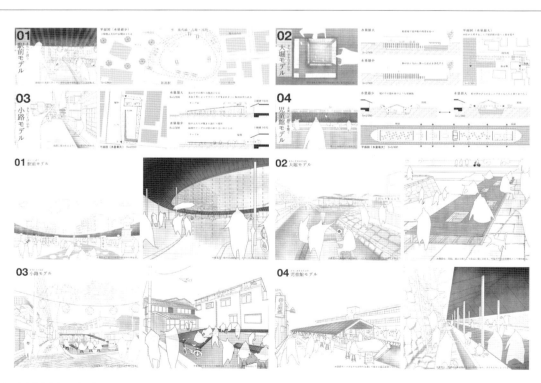

支部入選 29

古川茉莉子
鎌田真輔
金沢工業大学大学院

CONCEPT

1919年、金沢に初の路面電車が開通した。それは人々にとってつながりの場で生活の一部だった。しかし、モータリゼーションにより、廃線が検討されることになり、その時に開通以来の惨事が起きた。それにより廃線が決定し、車中心のまちや建築が浸透した。もしあの事故がなかったら現在でも走っていたかもしれない。別のもう一つの世界があったかもしれない。路面電車が残ることであったはずのまちや建築の姿を考え、提案する。

支部講評

かつて金沢市内を走っていた路面電車が、寺町の伝統的街並みに今も残っていたら……との発想で、動きの遅い路面電車をあえて小さな道路に引き込むことで、できていたかもしれないもう一つのまち、人々の生活を提案している。家屋から道路へ庇を迫り出し、これと寺院群の土塀の屋根をつなげ、寺町ならではの街並みとし、その間を路面電車がゆったりと走る。車が通らないこの半屋外空間に生まれるであろう温かい営みが丁寧に描かれている。防災、流通サービスなどの面で違和感を覚えつつも、軌道という川の両岸に並ぶ屋台の間をチンチン電車という小船がゆっくりと進む、人々が集う水上マーケットの情景を彷彿とさせる提案には共感するものがある。

（竹林正宏）

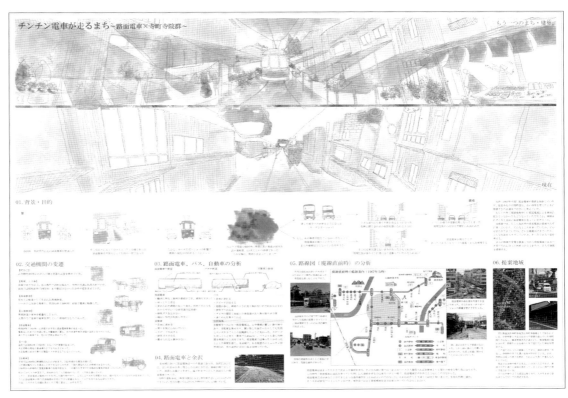

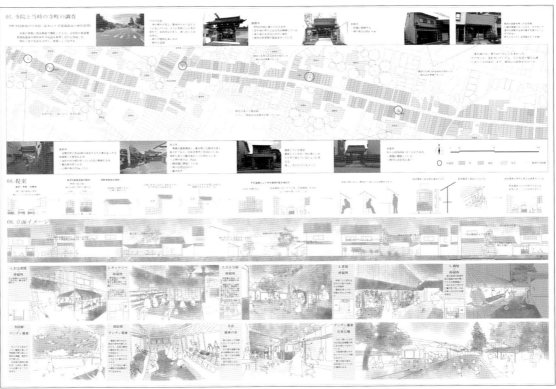

支部入選 30

竹川康平
森下孝平
神戸大学大学院

CONCEPT

水都大阪の中心をなしていた堀川。
堀川とそこに架かるたくさんの橋は船場の文化と人情の緩衝地帯となる大切な場所だった。
50年前に遡り、堀川を中心に船場に編み込まれていた「間」をすくい取ることができれば、日本人らしく、そして大阪人らしいまちを再興できるのではないだろうか。
生活と都市の独特の繋がり方をもつ町家の形態を、現代の都市の巨大なスケールの営みに耐えうるように拡張し、橋として掛け直す。橋同士が繋がり、堀川を中心に豊かな生活が船場に編み込まれて行く。

支部講評

大阪堀川の歴史と水辺空間、日本文化の間の概念を組み合わせることで、古き良き日本に回帰した構想には魅力がある。しかしながら、この課題で求められた「もう一つの」意味を掘り下げた提案とは成りえていない。50年前に戻ることを想像して、ありえたもう一つのまちと建築の姿を現すには現状の徹底した相対化が前提となるが、そのためには堀川という場所にもっと密着して、設計の過程でこの場所を身体化してしまうぐらいの計画にする必要があった。例えば、平面にみられる構造形式や水路の狭く高い軒先となる屋根の架け方、ありふれた店舗の商業建築のような構成は粗さばかりが目立つ結果となったことが惜しまれる。

（松本明）

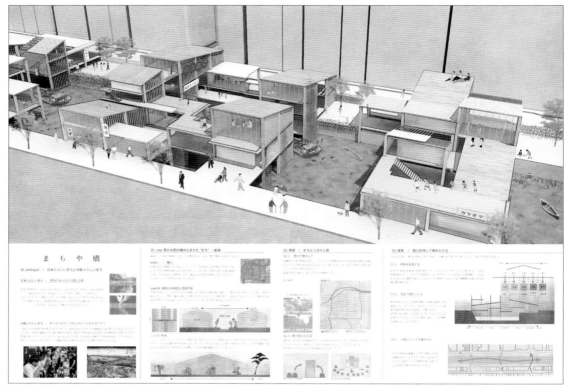

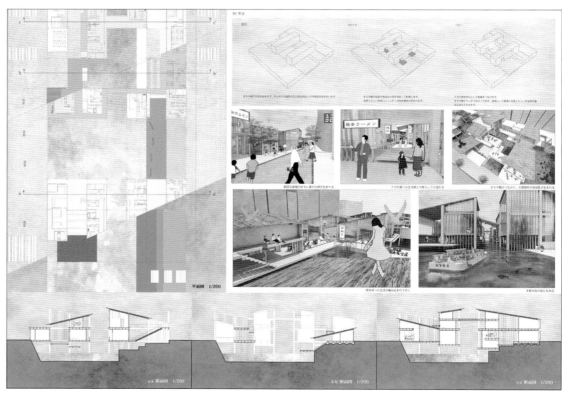

支部入選 31

弘田竜一
足立和人*
木原真慧*
中西裕子
藤岡宗杜*

大阪工業大学大学院　大阪工業大学*

CONCEPT

50年間で変化したのは、建築の「動機」である。かつては、そこに住まう人々の振る舞いとともに建築があった。しかし、50年間で経済の成長が建築をつくる最も大きな動機となった。経済的発展という建築の動機に象徴される「再開発」が、埒外とした自然的発展による豊かさに改めて着目する。ある豊かさを獲得することで、違う豊かさを失うのではなく、相反する2つの豊かさを享受しあい、総体として厚みを持った豊かさの提案を行う。

支部講評

大阪市阿倍野区と西成区という隣接する地域で、片や長期間にわたる再開発によって都心化が図られ、片や労働者の街として低層住宅が連なる風景であり続ける。50年前に時間を戻し、二つの地域を区切る線形にあわせ、アーケードと宿泊所をリニアにつなげていく。もうひとつの時間はこのリニアな場所がふたつの地域の時間から独立して、発達していきながら、もうひとつの場所を形成していく。かつてメタボリズムの旗手が超高層ビルの足元で屋台が並ぶ風景をメタボリズムの象徴として語っていた。都心と下町それぞれの世界に挿入された場所がその象徴性を顕現している。仮設的でいかがわしさを漂わせている宿泊所の風景がアジールのようにも思えた。

（北村潤）

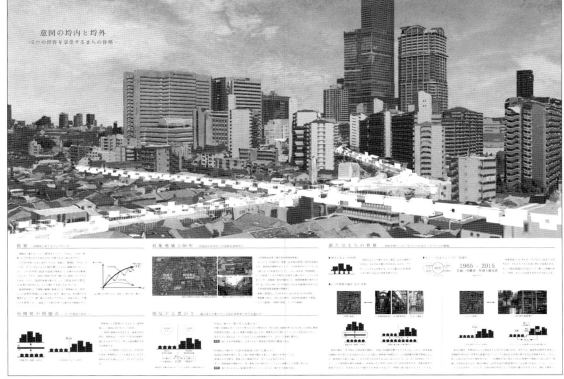

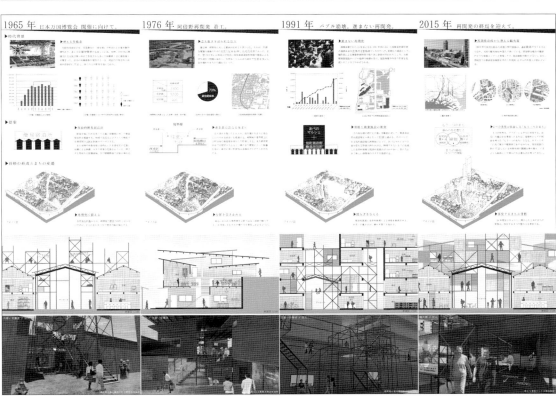

支部入選 34

廣田竜介
立命館大学大学院

CONCEPT

センス・オブ・ワンダー －見て、触れて、感じる子供たちの遊び場－

戦後から日本の街並みは都市開発、経済成長とともに驚くほどの変貌を遂げた。アスファルトの地盤面や街を横断する高速道路や鉄道、立ち並ぶ無機質な高層ビル群などかつて子供たちの遊び場であった自然風景が失われてしまった。その結果、子供たちの遊び場は壁に囲まれた室内の空間に追いやられてしまった。
本提案では戦後間もない50年前の街並みの中で子供たちが遊んだ空間の記憶を現代へと残すことを考える。現代の街並みに至るまでの都市開発の中で新しく作り上げるのではなく、あくまで子供たちのアクティビティの痕跡をなぞり、その空間体験自体を現代の空間へと再翻訳する。

支部講評

良質なSFはすべて現在のパラレルな世界を未来に託して表現したものだと思うが、そのあったかもしれない世界とは、子供たちの感性や感覚こそが、現在とは違う未来の世界としてつくりだすものとするこの本質的な問いを持つ提案は、作者の課題に対するとても深い理解が根底にあることが感じられる。「センス・オブ・ワンダー」に依拠しながら、もともと繊細な都市空間を形成する京都に、子供たちの場所が美しいドローイングで十分に表現されている。ただ、展望台や仮設的な構造物のデザインが、もう少し詩情を漂わせるようなものになっていれば、より完成度の高い作品に成りえたと思われる。

（松本明）

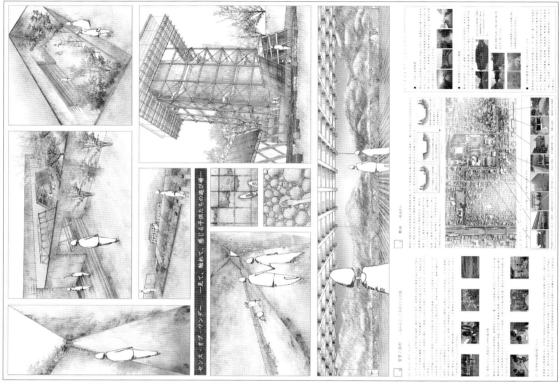

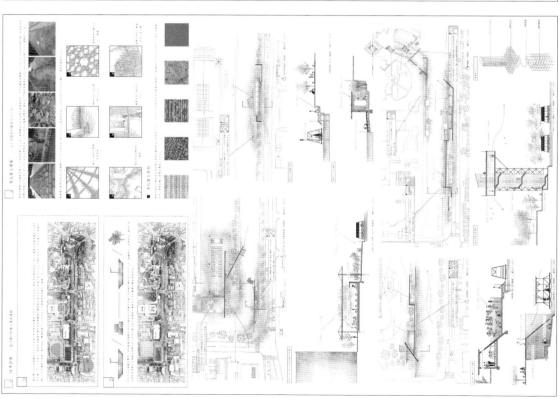

支部入選 35

山口 昇
京都工芸繊維大学大学院

CONCEPT

対象地域である京都市左京区は、京都の三大火によって寺院と町家が集団移築され、町家や歴史的建造物群、琵琶湖疏水からの池泉・水路網が織りなす水環境が優れた寺町の景観をつくりあげている。

しかし近年、その優れた寺町景観は失われている。そこで50年前に遡り、寺町景観を再構想する。寺院の境内を日常の延長のような学びの場とし、町家と寺院と自然が共存する美しい景観と豊かな生活を生み出すような建築を提案する。

支部講評

京都の町屋と寺院と自然が共存するかつての優れた寺町景観再構築の提案である。

京都市左京区要法寺境内の一角に琵琶湖疏水から水を引き込み、鴨のビオトープをつくる。寺院の象徴として版築の築地塀を建て、その壁に寄り添うように建物を配置する。

自然、寺院、町屋の3要素の構成であるが、建物である町屋がガラス張りの開放的な空間であることが語られていないように思ったが、既存の境内に版築の強い壁と、水と建築がうまく配置されている。版築の厚い壁で閉じるようにして外部空間に場所性が与えられ、それに寄り添う内部空間の境界がガラスによって弱められている。閉じられた外部と開放的な内部を関係づけることによる空間的な意味の構築を評価したい。

（北村潤）

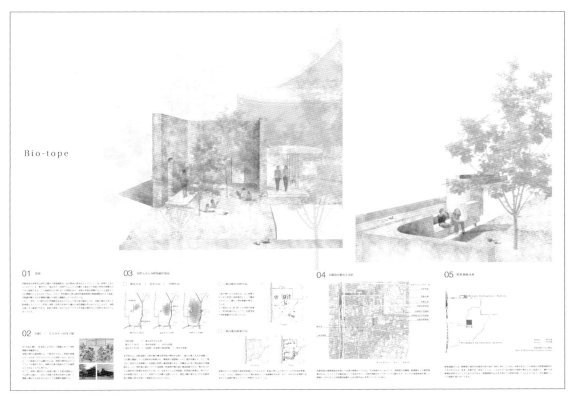

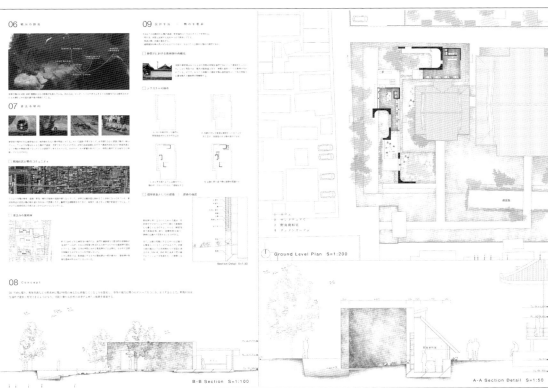

支部入選 36

中川寛之
神戸大学大学院

CONCEPT

無秩序に開発された梅田地下街において、「機能性」「空間性」「環境性」を見直し、「地下」「地上」「建築」の三者の絡まり方について考えた。提案として、機能面と空間面からみた4つのルールを設けることで無秩序な開発を防ぎ、豊かな都市をつくりだすことを考える。50年前にさかのぼり、地下空間という、文字通り根っこの部分から都市を考え直し、街が積み重なり、人や自然が対流する「layer city」を構想する。

支部講評

この提案は、梅田地下街の無秩序な延伸が、経路としての分かりにくさを生み出し、さらに機能性、快適性も損なわれているという現状の問題点を解決するために、「地下街」「地下鉄駅」「建築物の地階」の開発ルールを設けるというものである。
新しい三位一体的な開発は、動線的に回遊性を高め、エコボイドによる外気循環の促進、広場、緑といった外部的要素の取り込みを行うことで、アメニティや地上との連続性が確保できるとしている。提案図面のようになっていれば、梅田地下街も随分良くなっているだろう。ただ大部分が人工地盤や建築的構造物であることが、気になるところでもある。

（加賀尾和紀）

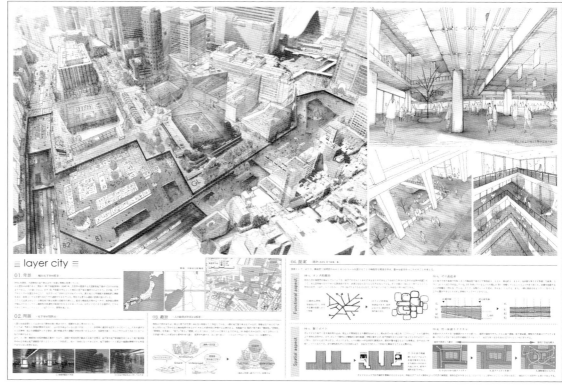

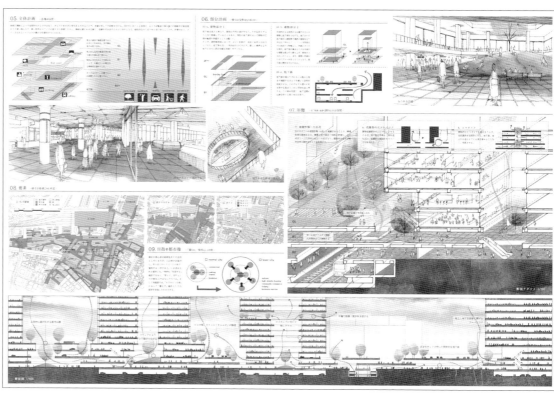

支部入選 41

宮田真
黒木香那
關和也
広島大学大学院

CONCEPT

もし50年前に戻ることが許されるなら…

人は50年前便利さを求め、生活は都市に向き展開されていった。
しかし、次第に背後に自然が広がっていることも忘れがちになっていくのであった。
現在、各地で起こる自然災害。土砂災害で多くの命を失った広島県の斜面上のまちを『砂防壁』を持つ住戸の連続するまちを再構築していく。
自然、建築さらにそれらをつなぐ土木の関係性を見直し、環境、風土に敬意を払った住まい方を提案する。

支部講評

2014年8月の広島市北部を襲った豪雨による土砂災害は、自然の怖さをあらためて痛感させられると共に、建築の無力さを突きつけられる惨事となった。ここでは、現在の防砂堤を点在させる災害対策計画を見直し、より安全で快適で豊かな生活を享受すべく、土木と建築を繋いだあらたな住まい群が提案されている。等高線に沿って擁壁と砂防壁を連続させ、ニッチ部に挿入された生活の場には説得力がある。古来より集落とは、自然に寄り添い、その恵みを享受し、その場所毎に固有の風景を生み出してきた。この設計案でも、そこへ溶け込んだ生活の場が群れを成す風景に好感が持てる。表現されたテクスチャー全般と、見下ろした際の防砂壁による連なる屋根の風景に、もう少し工夫が欲しい気もする。

（村上徹）

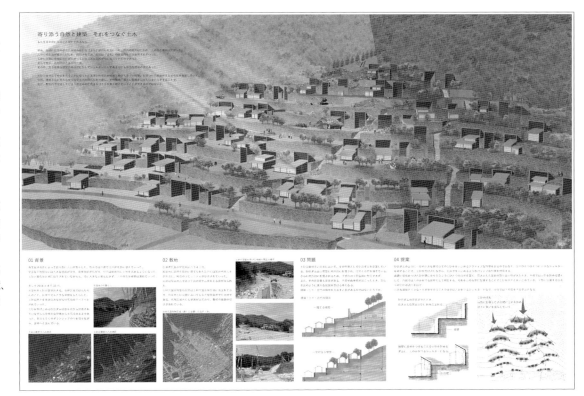

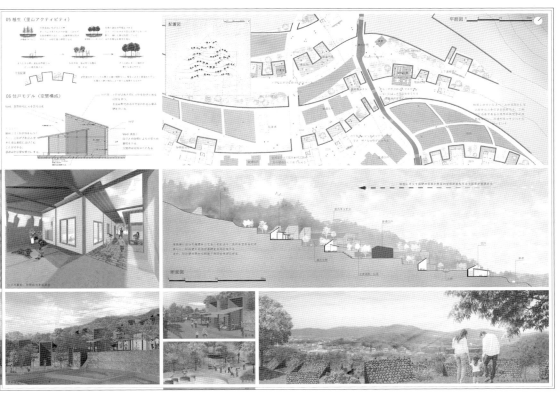

支部入選 42

山本秀人
佐藤宏美*
田中奈生耶*

広島工業大学大学院　広島工業大学*

CONCEPT

我が国は自然災害の多い国土である。現代では少子高齢化が問題視されているのが現状である。そのため地方を災害が襲った際、情報弱者への災害の伝達は円滑に機能しない。情報の不足により失われる命を、住人同士で守るシステムが重要と考える。情報インフラの乏しい地方では、住まう人間の強いネットワークを基盤とし、情報交換を住空間の空地で行う。そこは普段は住人の集う器として機能し、災害時は身を守る器へと変化する。

支部講評

自然災害の被害が全国各地で次々と起る現代において、被害を最小限に抑える対策が急務な状況にある。行政の対策と同じく不可欠な要素である住人同士のネットワークを形成することをテーマとした本計画は、住人同士のコミュニティの場、災害時における避難先の二面性をもつ余白（空き地）を計画する新たなまちづくりの提案である。住居間に共用の庭や空き地を、コミュニティを生む場として区画し、それに対して住居プランをオープンにすることで交流が生まれやすい環境になっていると同時に、災害時には住人の人々が集まれる避難先に変わるよう計画されている。
地方のまちにコミュニティと災害の両面を合わせた将来性のある提案として評価できる。

（小川晋一）

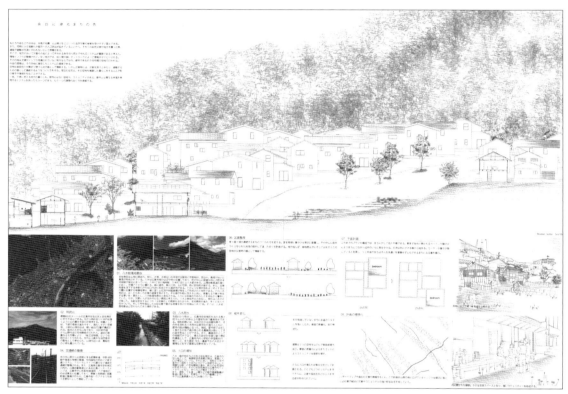

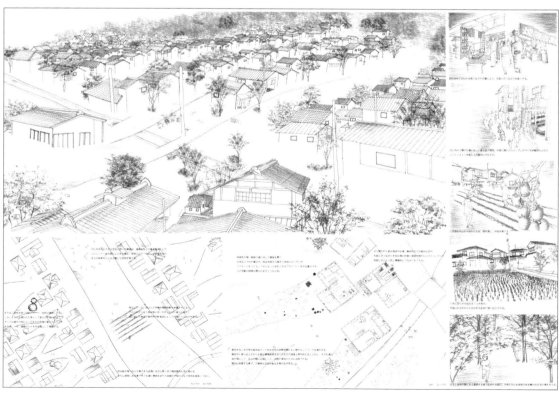

支部入選 43

吉永沙織
高藤万葉
日本女子大学

CONCEPT

福山市・箕島はかつて離れ島であった。島で生活する人々は海苔の養殖や塩田の産業により生計をたてて暮らしていた。しかし50年前の福山市の工業化に伴い、島の周囲が埋め立てられる。島の起伏を無視した埋め立てにより、島の記憶や水辺と密接に関わっていた生活、産業が失われる。
失われたものが共存できる埋め立てのあり方を提案する。人と自然、産業、工業が共生できる、もう一つのまち、もう一つの建築の提案。

支部講評

20世紀の日本の工業化社会の進展のなかでの高度経済成長期に埋め立てられ、工業地帯として海と海岸と砂浜と漁業を捨てた瀬戸内海の沿岸部の埋め立て工場地帯に運河をふたたび蘇らせることで、工業地帯のなかに海辺を回復する提である。この提案は20世紀の人工土地としての埋め立てや工業生産という産業機構全体、つまり全てを人工化することに向かった空間性を批判的に乗り越えようとしている。あらたに作られる運河は人工的なものだがそこには自然と人工がなんとか折り合いをつけながら共存できる可能性が未来の地域の姿として、描かれている。このようなあらたな21世紀の自然と人工の共存のありようとしての未来の風景があるのかもしれない。

（岡河　貢）

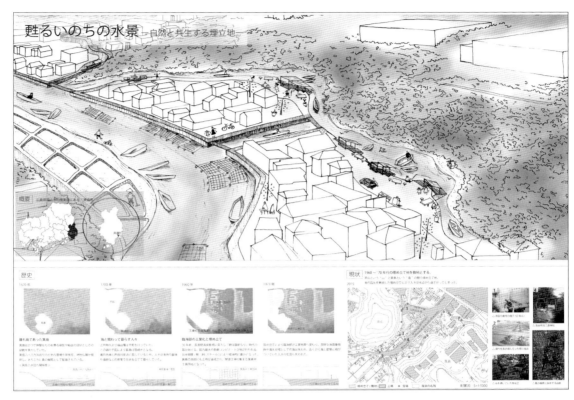

甦るいのちの水景 —自然と共生する埋立地—

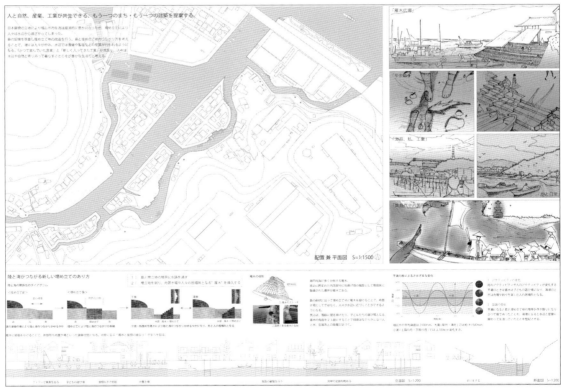

支部入選 47

岩本彩花
石橋凪砂
山内康平
山口大学大学院

CONCEPT

かつての萩往還は大内文化をもとに栄え、人々で賑わっていた。しかし、この50年でまちは変化し衰退し続けている。50年前に遡り、萩往還沿道の町屋に人々のライフステージに対応した機能を付加した、もう一つの建築を計画する。そうすることで歴史・街並みを継承し、このまちに新たなコミュニティを創出する。再生した町屋により、歴史・文化を通じた個性のあるコミュニティの強いもう一つのまちが創られていく。

支部講評

この作品は山口市の市街地を通り抜ける萩往還の街並みを取り上げ、そこで起こっている建物の老朽化、高齢化、若者の地方離れによる空き家の増加などの問題点に対して、新しい提案を模索したものである。その方法として町屋特有の敷地割に新しい機能を社会的、建築的に付加することにより、過去の記憶を層化しながら、新しい街並み空間を生み出そうという試みである。このアイデアを実現化させるダイアグラムも説得力があり、プライベートな空間の中にパブリックな空間を挿入することにより、地域のコミュニケーションを図ろうとしている。住民と公共団体との共同作業が必要だとは思われるが、地道な作業によれば実現可能だと思わせる提案であり、表現力も含めて優秀な作品である。

（松本静夫）

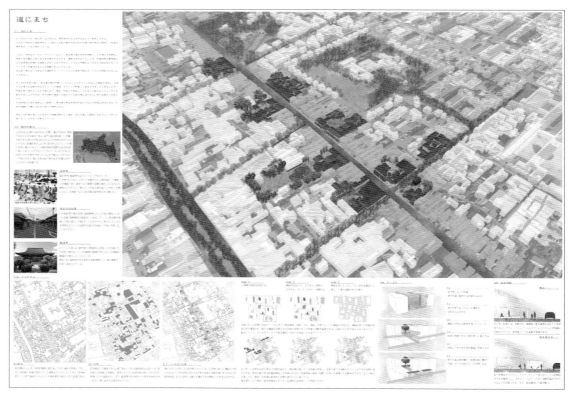

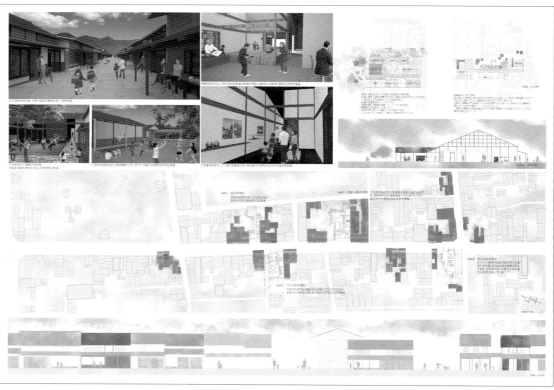

支部入選 48

宮川馨平
高知工科大学大学院

CONCEPT

「ここには何も無い。」
嘆く町民。
「確かな魅力はある。」
期待を抱く移住希望者。
両者の考え方の差異を利用し、新たな気づきと、町の良さを再発見する。
好きな事を語り合い、町を褒め合いながら交流をすることで、この場所が好きになっていく。活気の中心となる住宅群の提案です。

支部講評

少子高齢化、過疎化先進県である高知県、その中でもこの地域は、50年前全国の農村に先駆けて今の時代を反映していた。その意味においては、厳密に言えば「もう一つの……」という課題に対しての回答とはなり得ていないが、限界集落再生へのひとつの形を提示している。
土地の起伏に応じて、既存住宅を取り込みながら、不連続に連なる緩やかな切妻屋根は、あたかも地べたに張り付いた落ち葉のように、不思議と山際の風景に馴染んでいる。新しく計画される住宅は、より多様な展開が欲しいところではあるが、内と外との曖昧さや、壁と大屋根のずれ、変化する床レベルが互いに相俟って、意外な場所で意外な人に出会えそうな楽しい予感がある。

（平山昌信）

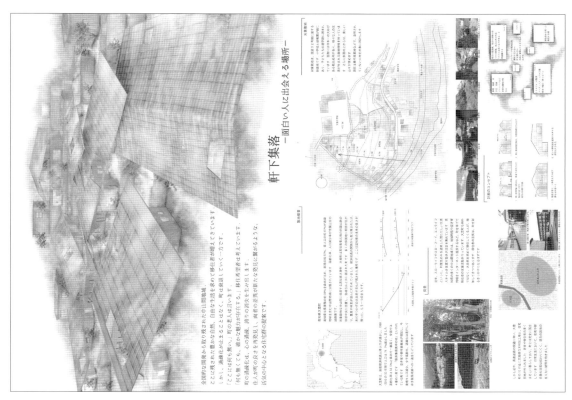

軒下集落 ―面白い人に出会える場所―

支部入選 49

三輪幸佑
高知工科大学

CONCEPT

街のたまり場―現代版命山の提案―

街にたまり場をつくる。場所は南国市久枝地区。ここは、津波、洪水、戦争などさまざまな経験をした街である。戦前、街の東側に室岡山と呼ばれる山があった。この山は、災害時に人々が避難したことから「命山」と呼ばれていた。畑や住宅もあり、普段は日常的に使われながらも、非常時には避難場所の役割を果たしていた。そんな存在を現代のこの街に提案する。たまり場は、人々の新たな心の拠り所となり、街には活気が戻ってくる。

支部講評

東日本大震災被災地で何が起きたかを見た未被災地高知で、事前にできることは何か。その答えのひとつが津波避難タワー。備わるべき機能が形になっただけの原初的な建築群が、願わくば地域で有機的に機能してゆく姿と、「命山」という人々の記憶に残る避難場所としての山とを重ねた。タワーに人が集うさまをイメージすることは、各家庭からタワーまでの道々をデザインしなおすことであり、それはすなわち発災時に避難の障害となるものを認識して除去、もしくは改修することにつながる。助かる命を助ける当たり前の行為が、まちの人と人のつながりを見直すことになりうると見る、建設的な提案である。各地で考えたい。

（内野輝明）

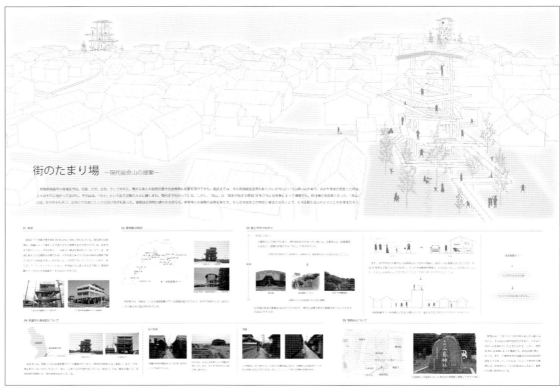

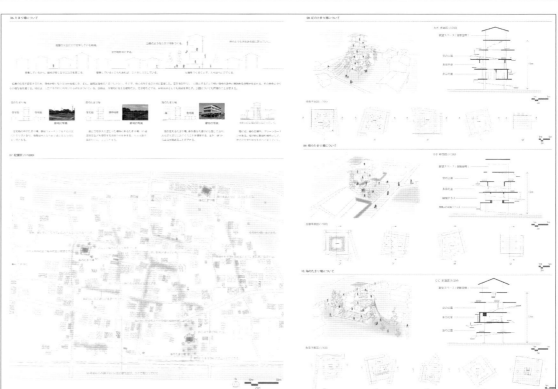

支部入選 50

大道直紀
高知工科大学

CONCEPT

-廃墟-今現在は建築活動をしてはいないが、そこにあること、それだけでまちの特性のヒントはたくさん転がっているように思える。廃墟から建築の特性を読み解くことで、そこにはもう一つの建築の可能性が潜んでいるように思う。廃墟とは時代の変化によって生じた建築であるといえよう。ここで高知県高知市の種崎地区にある廃ドックを分析し、再構築していく。廃墟を再構築することによってもう一つの建築、もう一つのまちは出現する。

支部講評

この計画は高知市中心部に位置する廃墟化していた造船所跡地を再生・再構築する計画である。海（太平洋）と繋がっているドッグの形状を利用しての巨大水槽に再生しながら、簡易な水族館機能を持たせた海洋保護施設に再生するユニークな計画である。
施設のほとんどを地中に埋設することで、緑の景観の確保となり、元々近くにあった海水浴場・キャンプ場等の種崎千松公園との繋がりの中での水族館の立地は好条件のように思われる。高齢化社会が進み、地域人口が益々減少していく地方都市にとって、導入人口の確保は賑わいの確保につながり地域コミュニティの存続をもたらす。もう一つの建築がもう一つの豊かなまちを創りあげたらすばらしいと思う。

（松浦洋）

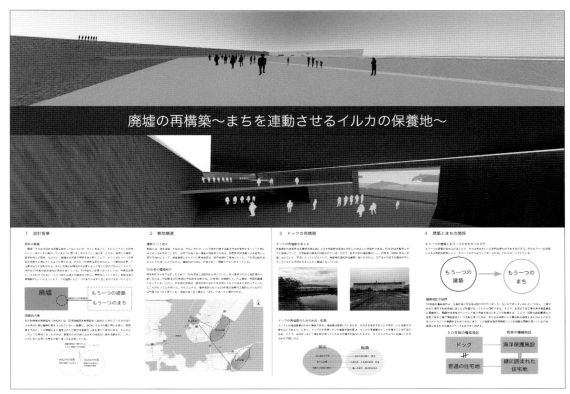

廃墟の再構築～まちを連動させるイルカの保養地～

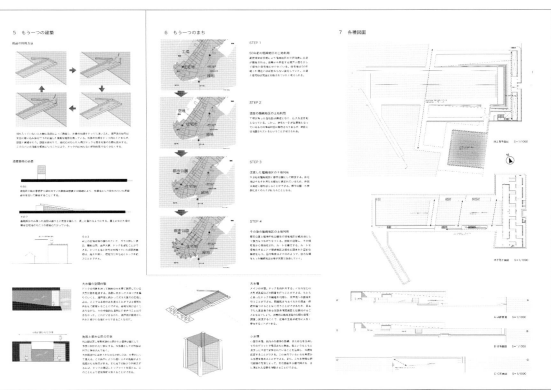

支部入選 51

百田直美
有明工業高等専門学校

CONCEPT

明治日本の産業革命遺産の一つとして再認識される三池炭鉱。しかしそこには明治期の施設のみがあり、周囲に当時の面影はない。奇しくも一面に広がっていた炭鉱街は閉山と共に解体された。エネルギー革命、炭塵爆発、閉山などの出来事の中で三池炭鉱が徐々に疲弊していったことをふまえ、大牟田のもう一つの特徴である高齢化と足し合わせ、今から50年程前において炭鉱街を単身高齢者住宅・グループホーム街へ転換。現在においても住み継がれ、当時の雰囲気を伝えうる街を形成する。

支部講評

福岡県大牟田市における解体された炭鉱住宅を対象に、50年前から炭鉱縮小に合わせて徐々に高齢者向けの住宅地へと転換していく提案である。これによって炭鉱住宅は住環境としての歴史的価値を有しながら、現在の高齢社会における持続可能なコミュニティとして生き続けることとなり、その主旨は評価できる。具体的な共同空間の提案も丁寧に表現され好感が持てる。一方、炭住そのものの50年間の転換のシナリオと空間改修の提案の検討は十分とはいえない。また、グループホームという施設名称には疑問が残る。炭鉱住宅の共同性の価値を評価し、現在の高齢者等を支える居住福祉へとつながる提案の軸を明確に示す必要がある。

（池添昌幸）

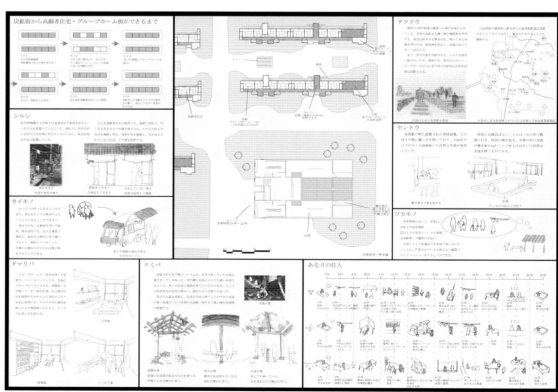

支部入選 52

坂本明文
安武佑馬
佐賀大学

CONCEPT
ellipse media

我々は対象敷地を佐賀県小城市の小城公園とした。小城公園には古代・近世・近代の歴史が重層しており、小城鍋島家から寄贈された日本庭園があるが50年前に経済優先の都市開発により、日本庭園の景観を壊して運動施設等の機能が挿入された。そのような場に可能性を感じ建物とランドスケープの融合に着眼点を置き景観を壊さずさまざまな機能を挿入しそれぞれの場の用途が固定されることのない繋がりを持った公園デザインを提案する。

支部講評

まず、提案対象の小城公園が興味深い。小城市の中心部に立地し周辺の変化とは隔絶した大規模な日本庭園であること、庭園は古墳を内包するとともに昭和期に庭園の杉林が運動場となり、時代が重層した場所であること。提案は運動場を対象とし歴史の重層性を意識した運動公園の計画である。曲線を組み合わせた現代的な形態は大きな円形の古墳の形態やスケールが意識されている。図面表現は運動公園の提案が大部分を占め、小城公園との関係性が示されていない。小城公園を含む断面図や両者の視点場からの景観などを示して欲しい。

（池添昌幸）

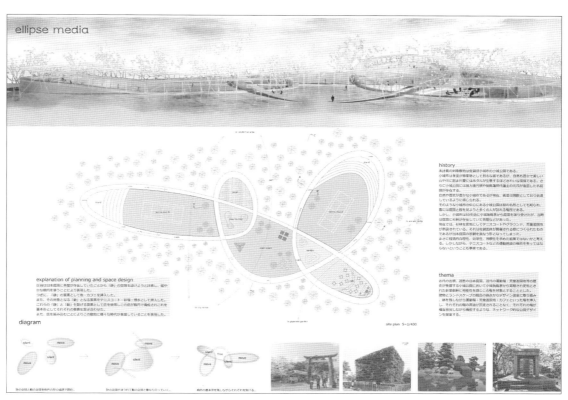

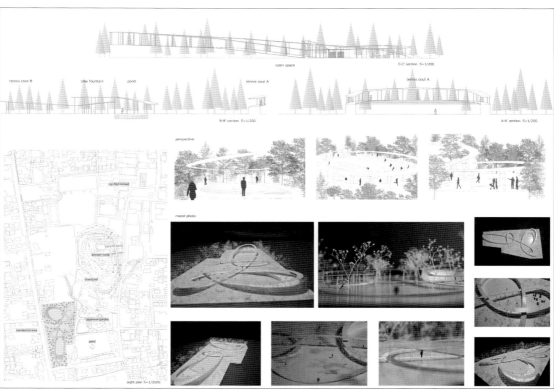

支部入選 53

髙須八千代
鹿児島大学大学院

CONCEPT

宮崎県北浦町漁港、かつて、この港は多くの人々の営みが育まれた場所でした。しかし、現代、高度経済成長期の漁業を中心とした開発により、「町と海」の隔たりとなっています。私は、50年前の場所に『もう一つの町』の表情を与えることで、町と海を繋ぎ続けることができると考えました。波音を聞き、潮風を肌に感じながら、海の向こうに思いをはせる。そんな、特別な居場所として、『海』と向き合う『もう一つの建築』を提案します。

支部講評

50年程度のタイムスパンでは、人々の豊かな生活の本質は変化しないことを前提とした提案である。課題を批判的に捉え、かつ地方都市が持つ豊かさの本質を力強く訴えた提案であり、九州支部から全国に推薦するに相応しい内容であると評価された。描画やレイアウトといったプレゼンテーションの完成度も高く、良くまとまった作品である。残念な点はコンセプトの制約からか、提案された建築空間に新規性や将来性が感じられず、実のところ現状維持であり、それに対するオルタナティブにはなり得ていないのではないかと感じられてしまうことである。

（木方十根）

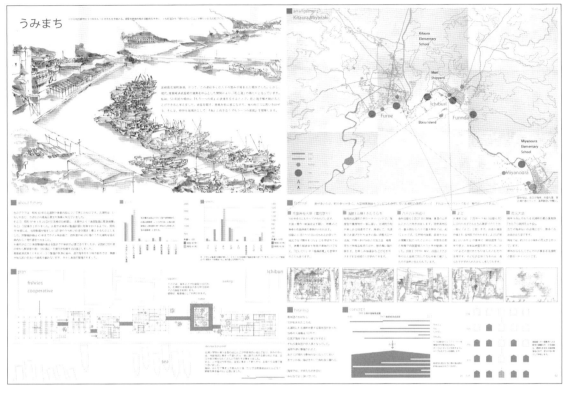

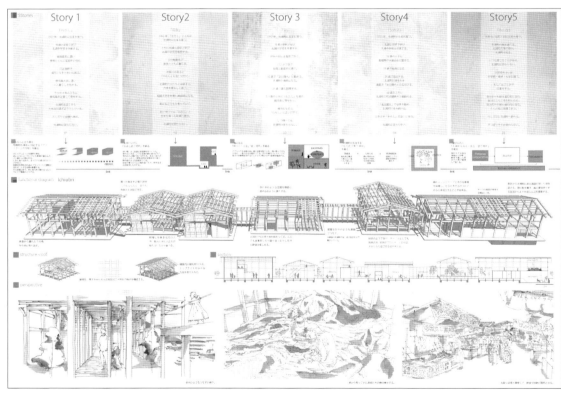

支部入選 54

長崎春奈
北村晃一*
下村帆美
高橋昂平

九州大学大学院　九州大学*

CONCEPT

かつて日本では、川や水路は家事や遊びの場であり、人々の暮らしは水環境と近い距離にあった。しかし、下水道整備に伴い、排水で汚れた川や水路は暗渠化され水辺空間はまちから姿を消していった。
もしきれいな水を維持していく仕組みがあったら現在のまちの様子や暮らしはどうなっていただろうか。川辺に排水を浄化できる機能をもつインフラを挿入し、そこに寄り添って暮らしていくことで人々の水に対する意識を変えていく。

支部講評

水という生活に必要不可欠な要素から現在の都市空間システムを見直そうという、実直だが的確な課題設定が高く評価された。また連続アーチによって、段状に整備された河岸の人工地盤にヒューマンスケールを与えるというデザイン的配慮も評価すべき点である。このように断面方向には工夫がみられる河岸のデザインだが、これが流路に沿って一律に採用されているため、単調な印象を与えてしまっている。また形成された街並みに、この河岸ならではの特徴が見られない点も残念である。一定の景観形成コードを設定し、移ろいながらも常に美しい街並みを提案してほしかった。

（木方十根）

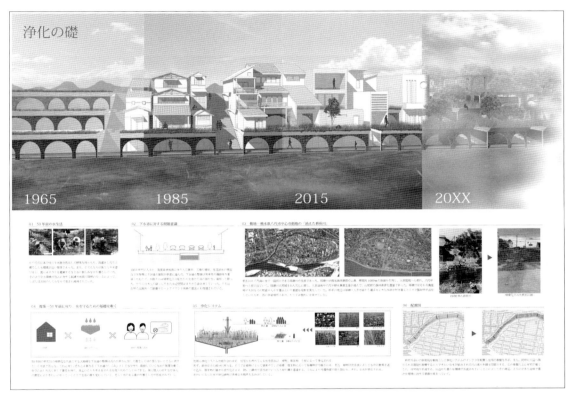

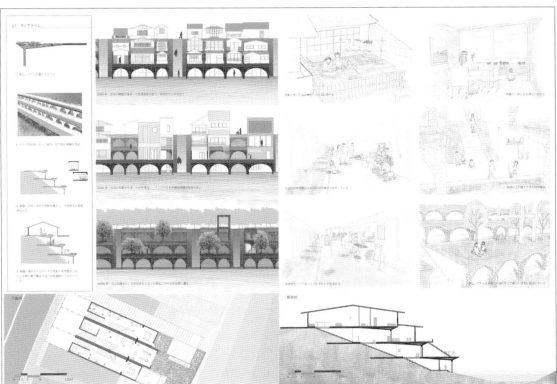

支部入選 55

佐々木翔多
清家知充
持留将志
熊本大学大学院

CONCEPT

かつて古町には「居職」の生活があった。

しかし、現在の古町は姿を変え、「居職」の生活は失われてしまった。

私たちは今一度古町の「居職」のあり方を見つめ直し、もう一つの「居職のまち」を提案する。

私たちが着目したのは住と職の新しい「距離感」である。

住と職の新しい距離感を生むために古町から要素として「隙間」と「切妻屋根」を抽出し、この2つの要素を持って「居職のまち」を再編する。

支部講評

居職というキーワードの抽出、敷地の設定などは妥当であり、プレゼンテーションも良くまとまっていて、分かりやすい提案である。1枚目のパースに描かれた、設計対象の建築が既存の街並みに溶け込む様子など、周辺の都市環境の読み込みやそれへの配慮も周到であり好感が持てる。しかしながら2枚目の全体プランは余りにも図式的であり、空間に味わいがないように思うがどうか？ 都市空間の魅力を創出するための様々なデザイン手法を学んで 重層的で奥行きのある場を提案できるように頑張って下さい。

（木方十根）

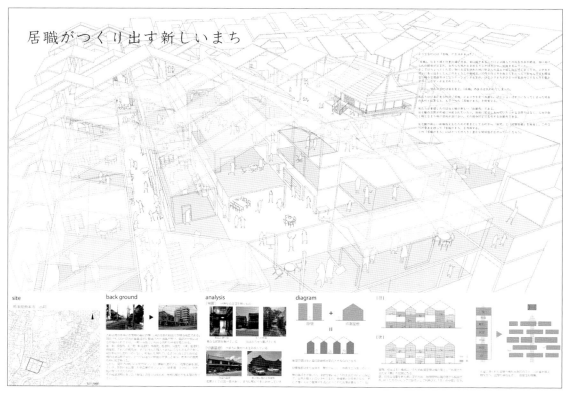

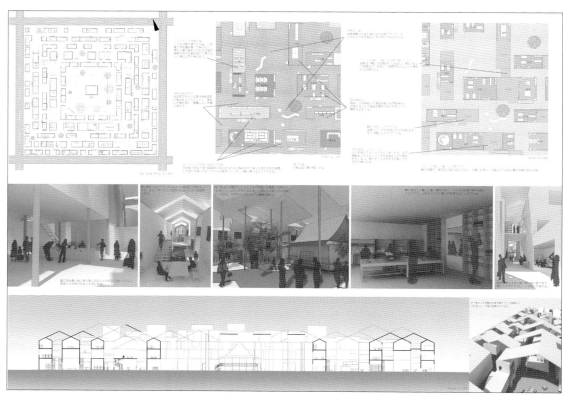

支部入選 56

仲浩慶
日髙祐太朗
佐賀大学大学院

CONCEPT

まちを構成するのは、建物でもなく、土地でもなく住民自身である。彼らと歩んできた、祭りや風習もまちを構成する重要な要素である。まちの住民達は、お祭りを通し関係を築きあげ、まち全体の幸福度にも繋がると考える。そんな祭りや風習は、住民達のなかで生き続けるまちの構成要素、すなわち「もうひとつのまち」の存在ではないだろうか。本提案では造形物として残されていないものを可視化し、来世へ繋ぐための建築を提案する。

支部講評

全国的にも有名な祭りである唐津くんちを主題とし、祭り時のハレの曳山をみるための観光客の滞在場所を提案している。この滞在場所は、曳山の保管や修復といった日常のケの曳山の場と関係づけられており、そのことで常時の唐津くんちの観光化を可能としている。3つの事例の空間提案は洗練されており説得性がある。現在は集約保管されている曳山展示場をそれぞれの町に分散保管することが提案の肝となっているが、これにより回復される町との関係に具体性がない。曳山のルートと沿道空間が50年間でどのように変化したのか、その要点を示すことで曳山を通した町・住民・曳き子と観光客のあり方が見えるのではないか。

（池添昌幸）

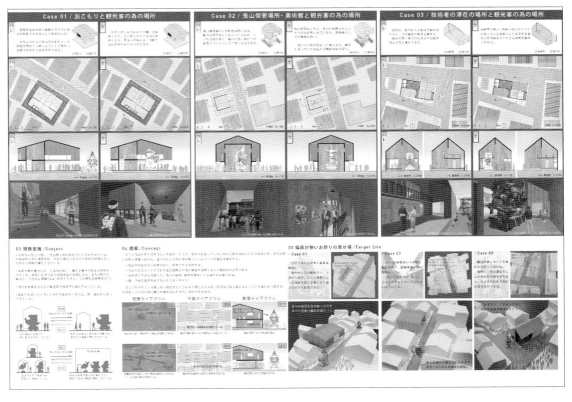

支部入選 57

荒牧優希
佐賀大学大学院

CONCEPT

江戸時代基山は行商の町であった。行商人が自宅まで入り込み顧客とコミュニケーションをとることで基山の地域社会は成り立っていた。50年前「1家族1住居」が普及したことにより、基山は古い形を捨て各家族、土地ごとで境界を引いた結果地域社会も消えてしまった。

境界をひく、領域を得る、孤独を生む すべての土地に境界はいるのだろうか 生活スペース以外の領域はいるのだろうか これは行商人を引き込み孤独を壊す提案である

支部講評

本提案はかつてこの地域で栄えていた行商を切り口に「孤独を壊す」提案へと繋げている点がユニークであり着眼点が良い。かつての配置売薬を参考としながら新たな行商システムを提案し、それに呼応した空間を導きだしている。また、土間空間が大胆にとられ、従来の土間のイメージとは違ったものとなっている点は評価できる。このような考え方の元で街が作られていれば50年後には想定を超えた空間の使われ方やコミュニティが生まれているかもしれない。しかしながら、特異な土間空間での日常生活のイメージが語られていない点や、市場となり重要な役割を果たす広場と土間との関係が不明快である点など気になる部分も見られる。これらについて詳細に検討され提案されていると更に魅力的なものとなったと考えられる。

（下田貞幸）

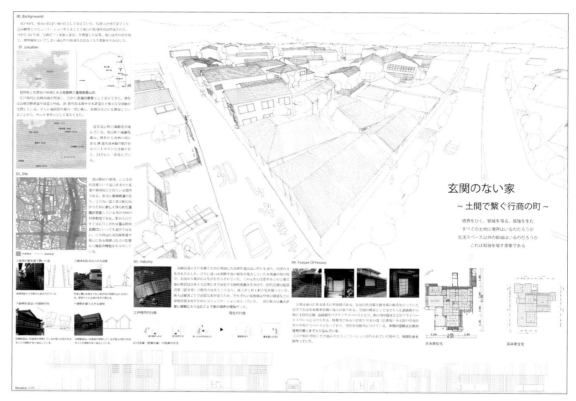

玄関のない家
～土間で繋ぐ行商の町～

境界をひく、領域を得る、孤独を生む
すべての土地に境界はいるのだろうか
生活スペース以外の領域はいるのだろうか
これは孤独を壊す提案である

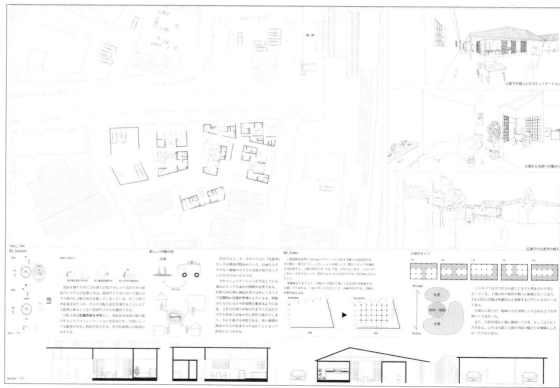

支部入選 58

内田大資
佐賀大学大学院

CONCEPT

1980年、槇文彦氏は「見えがくれする都市」の中で日本の都市を読み解くため「奥」という概念を導入した。

1975年、歴史的な町並みの保存のため重要伝統的建造物群保存地区が策定された。

歴史的町並みにおける建築の表層の記号的扱い、駐車場や空き地の増加による不可視のはずの領域の露出。地区指定だけでは継承できていない場所性の本質を制度が未制定の50年前にさかのぼり、場所が培ってきた「奥」を再解釈、再構築することでもう一つのまちともう一つの建築を現象させる

支部講評

町家が建ち並ぶ伝統的建造物群保存地区に対する提案として、伝統的な土間空間の再解釈という手法をとった作品である。現地調査や文献調査によって得られたデータを分析した結果、土間空間の形状や幅は思い切って斬新なものとして提案を行っている。こうしたロジカルな手続きも明快であり、論理的な破綻がない。一方、空間デザインとしての内容が豊かなだけに、ファサードデザインの素っ気なさが気になる。コンセプト的には伝建地区制度に対する批判として理解できるのだが、それを踏まえたうえでデザインをどうするか、建築設計者としての力量ももう少し見てみたかったような気がする。

（木方十根）

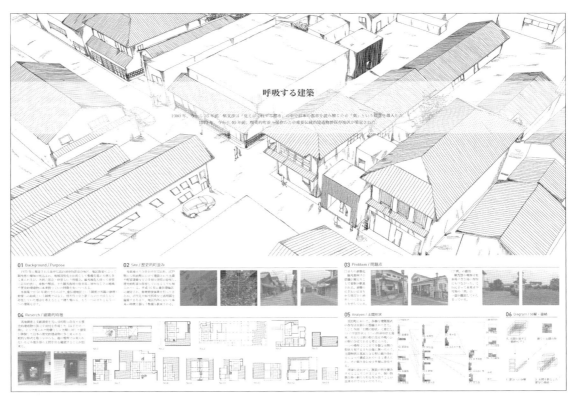

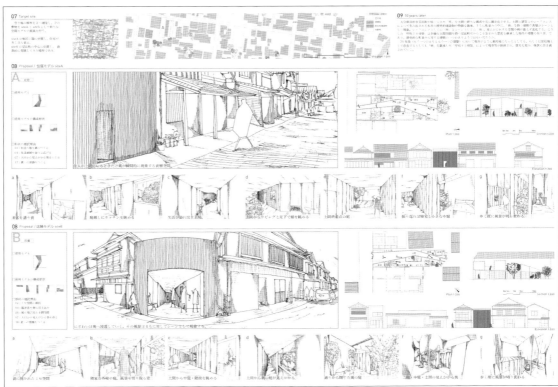

支部入選 59

本幸世
林原孝樹
有光史弥
熊本大学大学院

CONCEPT

阿蘇市一の宮町は阿蘇神社を中心とした観光地であるが、そこには一本道の商店街を小一時間歩くだけの表面的な観光しかない。しかし、本来見るべき観光とは、その地に暮らす人々やその生活そのものである。

そこで、人々の生活の中に観光を溶け込ませた新たな観光地を提案する。観光客は生活を通じて阿蘇を体感し、住民は当たり前だと思っていた地域の魅力に改めて気づく。ここでの新たな交流や発見こそが、豊かな観光地の姿である。

支部講評

観光や交流をキーワードとして、地域の潜在的な資源である自然や生活文化、そこに暮らす人々の活動などに焦点をあて、それらを再構築する事を通じ課題への解とした提案である。潜在的資源や事象をそれら同士及びそれらと他のものをつなぐ媒体として、様々な場や建築が提案されている。一の宮という地域の歴史へのより深い分析を踏まえた上で、今回の提案による地域の変化も含めた「時間」への言及も含めた提案であれば、より説得力のあるものになったであろう。

（大谷直己）

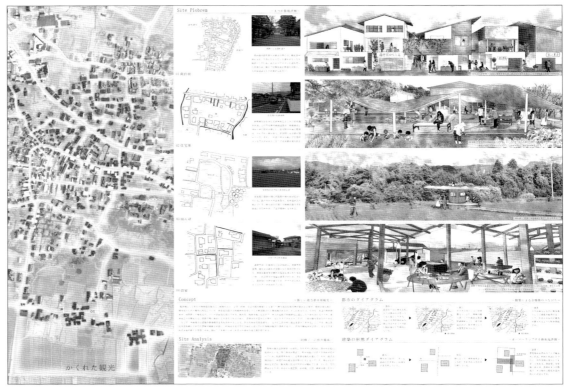

支部入選 60

髙橋秀和
坂田純一
佐藤瑞記
熊本大学大学院

CONCEPT

歴史的街並みに価値を見出し未来へ継承する動きは良いことだが、街の本質的な魅力である人々の生活への眼差しを失うものであってはいけない。
敷地は山鹿市湯町。歴史的な豊前街道と温泉でにぎわう街である。ここに古くからの生活道である「小路」と街道の関係を再構築し、新たな住まい方を提案する。観光地化していく時代の流れを受け止めながら、奥行きある「内面的な街の魅力」を育む、山鹿にあるべき「豊かな風景」を提示する。

支部講評

設定した地域において、ともすれば見落とされがちな生活道である「小路」を中心として生活の気配とそれを取り巻く様々な活動を紡いでゆく事による空間構築の可能性を追求した提案である。フィジカルな事象にとどまらず、そこに暮らす人々や訪れた人々の「心象」も含めた風景の再構築こそが課題への解であるという、可視化しにくいテーマに空間的なリアリティを持ちながら、真摯に取り組んだ姿勢に好感を持った。

（大谷直己）

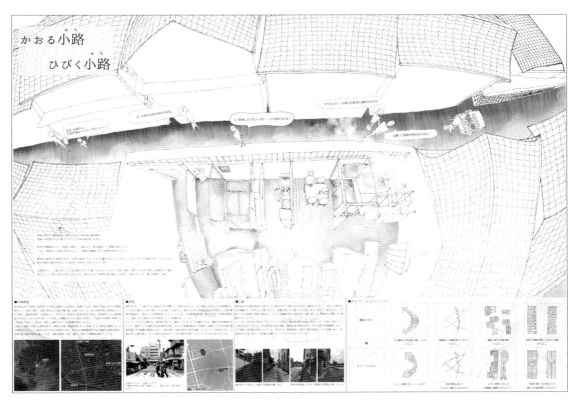

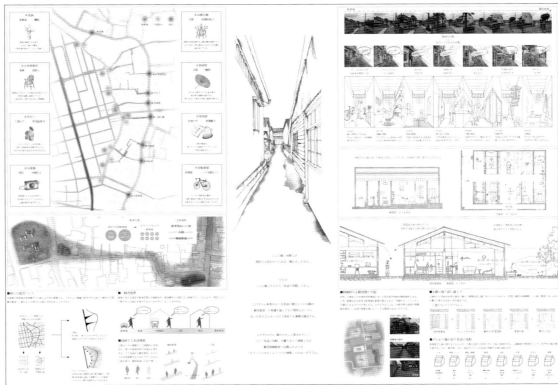

支部入選 62

江上史恭
太田康介*
金泰宇*
徐浩然*
船津明*
崇城大学大学院　崇城大学*

CONCEPT

戦後、復興から振興への歩みの中で、人々の暮らしを豊かにしてきた公共事業。
しかし一方では必要性が低いと分かりつつも、計画が進められてきたものも存在する。日本一の清流と称される地に計画された川辺川ダムは、市民によって建設が中止された公共事業の一つである。しかし、計画によって村の人口や自然は減少し、川も汚れた。負の象徴として建つダム計画で残されたコンクリートの躯体はこれらを利用し、昔の風景を呼び戻す。

支部講評

川辺川ダムを題材にした提案。50年前の計画が発表された時点ではなく現状をベースにしている点については課題の主旨からするとやや疑問は残る。しかしながら、提案された「もうひとつの建築」は様々な新たなシステムとともに魅力的な形態を生み出している。幻想的な景観イメージを上手く伝えている。しかし、木骨繊維筋構造や木筋ファイバー等の素材や構造による新たな建築の可能性は示されているが、内部空間としてはどうなるのか、橋を通り人やみんなの家の利用者にどのような空間が提供できるのかについては明確でない。内部空間についても提示してもらえると良かったのではないだろうか。

（下田貞幸）

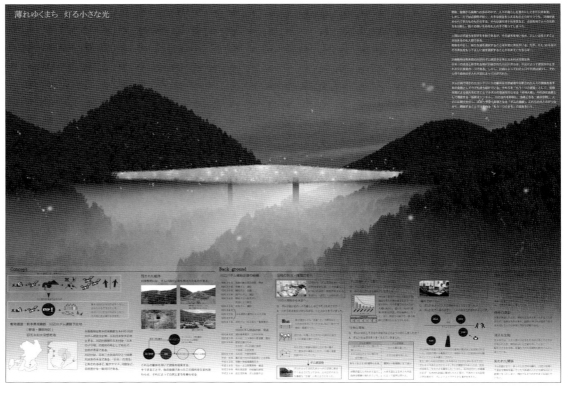

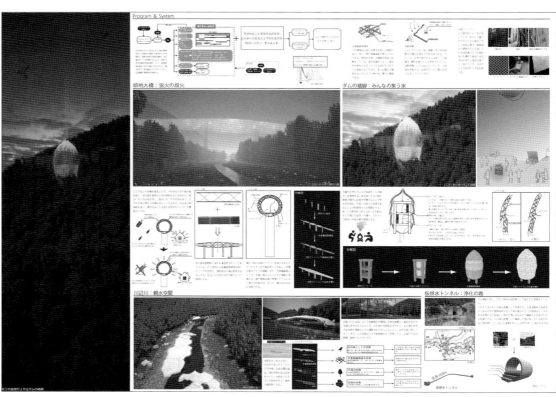

支部入選 63

中野雄貴
伊藤杏里
谷口和広*
前野眞平

九州大学大学院　九州大学*

CONCEPT

長崎の斜面住宅地には数多くの墓地が小さな島状に存在している。お盆の日、墓地には人々が集い、宴を行い、花火を打ち上げ、にぎやかに故人を想う。長崎には墓地の文化が息づいている。

しかし、高度経済成長期以後の様々な問題は斜面住宅地と墓地文化に対しても例外ではない。もう一つの建築としての墓地を提案する。墓地とともに生きるまちでまちの軸となった墓地には人々が集まり、地域をつなげる文化として生き続ける。

支部講評

独自の墓地文化を持つ長崎で墓地がまちの軸となり発展していったら……という面白い切り口の提案である。長崎の斜面地を縫うように提案された地域住民のための共同墓地は全く新しい墓地の姿、墓地軸を生活空間・都市空間の一部としたまちの姿を示している。墓地がこのような形態になることで周囲に生業を生み出すという発想は墓地が起因となった都市の発展をイメージさせる。ヒノキによる架構デザインはやや煩い感がある。それを和らげる工夫もあると良い。このような墓地軸が今現在で50年経ったとすれば、もう少し周辺と調和した姿になっているのではないだろうか。そのような姿も見てみたい。

（下田貞幸）

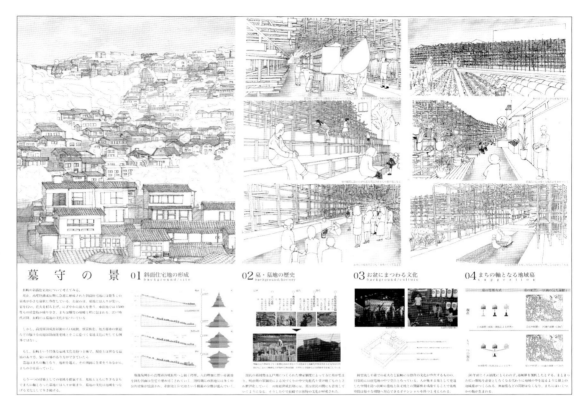

墓守の景
01 斜面住宅地の形成 background/site
02 墓・墓地の歴史 background/history
03 お盆にまつわる文化 background/culture
04 まちの軸となる地域墓 suggestion

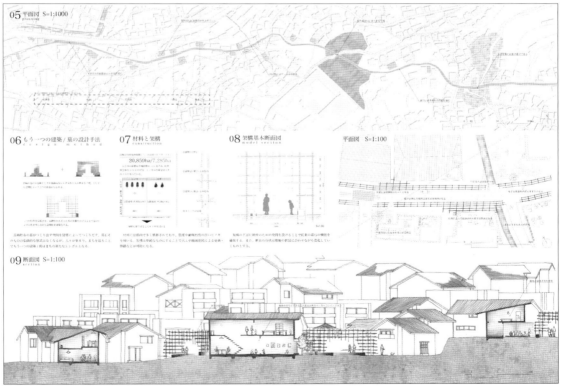

05 平面図 S=1:1000 planning
06 もう一つの建築／墓の設計手法 design method
07 材料と架構 construction
08 架構基本断面図 model section
平面図 S=1:100
09 断面図 S=1:100 section

支部入選 64

金子美奈
宮元薫平
熊本大学大学院

CONCEPT

私達が思う豊かさは、子供たちが道ばたで自由に遊ぶ風景です。

敷地は熊本市坪井。このまちの特徴ある"道の構造"は、この50年間での車社会の発達によって子供の遊び場から危険な死角へと変化していきました。
そこで車の侵入のない"もうひとつのまち"を提案します。
車の交通やアスファルト舗装などがなくなることで、子供たちは道で自由に遊び、このまちのたくさんの死角はたくさんの小さな広場に生まれ変わるでしょう。

支部講評

本提案は、その昔子どもたちが安全に遊んでいた道空間が喪失した現状に対し、地区内121カ所に存在するL字T字による"道の構造"をまちの個性として見出し、過去に遡りその位置づけと活用を変化させ、あるべき道空間＝子どもの遊び場の継承を企図したものである。対象敷地とした熊本市坪井エリアを丹念に分析・評価するとともに遊びや移動など歩行者を中心とする道空間の維持・継承のためにルールを設定し、現状と対比的に空間イメージの提案を試みており好感が持てた。ただ、惜しむらくは、複数の魅力的な空間提案やそれをプロットした地図情報があればより明快で効果的な提案につながったのではないかと思われる。

（鶴崎直樹）

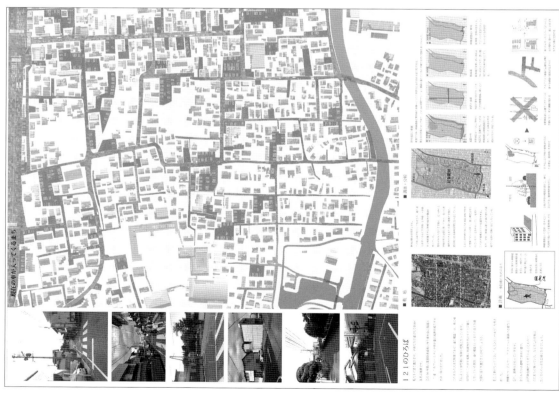

支部入選 65

加藤壮馬
吉海雄大
熊本大学大学院

CONCEPT

敷地は熊本市中央区黒髪。教育施設が集まり、住宅が多く建ち並ぶ区域である。

高度経済成長期から現代までにおいて大学の進学率が上昇し続け、それに伴いアパートやマンションが増加し、多様性のない街区をつくり出した。

そこで50年前に立ち返り、敷地の概念を変えることで、学生のための新しい賃貸住宅を提案する。この建築が周囲に寄与し、もう一つのまちを形成していく。

支部講評

50年前に立ち返り、必要な生活空間の規模、都市内余白の使途、住宅と敷地の概念を再設定することで、都市空間をミニマムな私的空間とより多くの共有空間に区分し、そこにシェア形式の建築物を挿入してコミュニティで空間共有を図ることを企図した提案である。また、街区内に複数存在する区画を所有者で共有するとともに、土地利用についても共通の管理システムを導入するとしている。提案された敷地は大学近傍の学生が多数居住する地区であることから、具体的な建築物の提案については、物足りなさを感じるものの新たな土地管理システムの導入や長期的な空間管理についての提案が興味深い。

（鶴崎直樹）

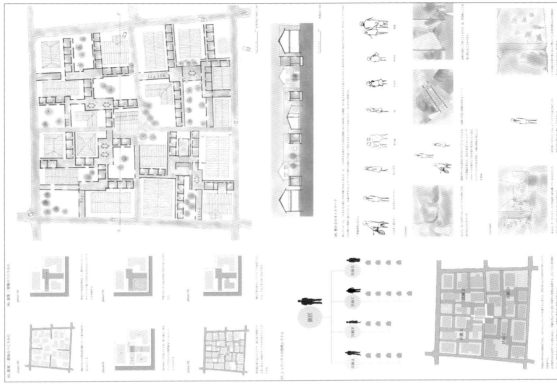

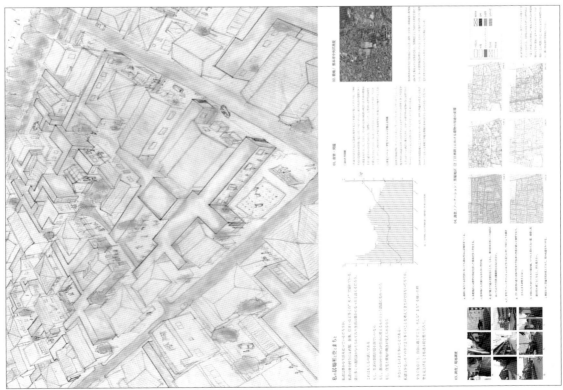

支部入選 66

林孝之
石本一貴
遠藤由貴
森隆太
九州大学大学院

CONCEPT

高度経済成長以降、寺社のアイデンティティーは失われ、現在は街の裏側の存在である。そこで寺社の境内を保護するように境界を設ける。境界は擁壁としての機能を果たしつつ、隣接する建物に新しい開放的な面を提供する。新たに表出した面により、次第に建物自体も変化し、街の裏側にある寺社の方向に開かれていく。開かれた建物は商業の集客増加を促し、その売り上げの一部を寺社に寄付することで寺社経営の新たな収入源となる。

支部講評

檀家制度や小屋制度により社会的に重要な地位を獲得し、街のシンボルであったかつての寺社が、都市化に伴いアイデンティティーを喪失しコミュニティが希薄化した博多の御供所を中心とするエリアの現状を捉え、寺社と都市とを隔てる境界部に開放性の高い塀・空間・装置を挿入し、両者の新たな関係の構築を企図した提案である。また、ソフト面では寺社の持続的な運営のための新たな寄附制度を提案している。都市全体への波及性という面ではやや物足りなさを否定できないが、これまで都市空間において明瞭に区分された寺社領域を解放することで新たな空間の魅力が生み出される期待感の高まる提案である。

（鶴崎直樹）

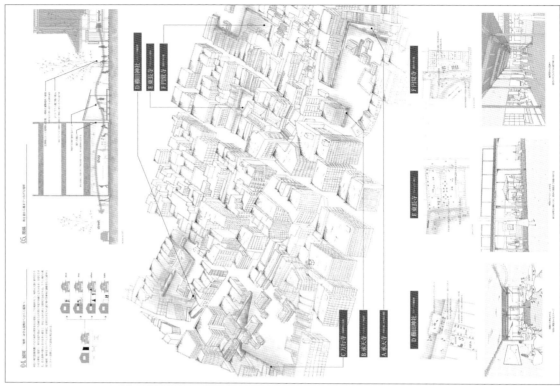

2015年度　支部共通事業　日本建築学会設計競技
応募要項
[課題] もう一つのまち・もう一つの建築

〈主催〉日本建築学会

〈後援〉日本建築家協会
　　　　日本建築士会連合会
　　　　日本建築士事務所協会連合会
　　　　日本建設業連合会

〈主旨〉
　2020年、東京オリンピック開催が予定されている。これに伴い、首都圏では新国立競技場に代表される大規模な建築群が計画され、再び資本の集中が始まろうとしている。一方、成熟社会、少子高齢化を迎えた現在、地方の人口減少による過疎化、ローカル線の廃線、ロードサイドショップ、大型商業施設の郊外化に伴う駅前商業地や中心市街地、中心商店街の空洞化によりまちの活気が失われている。総務省の統計によると全国の空き家数は820万戸、空き家率は13.5%で昨年度より0.4ポイント上昇しており今後、益々、上昇傾向にあると予測されている。
　現在から50年程前に遡って見よう。1964年の東京オリンピックでは、戦後復興から我が国の高度経済成長期に重なり、新幹線や首都高速道路の建設など交通インフラと関連する施設建設が未曾有の速さで整備され、これを機に首都圏へ人口の一極集中が始まった。一方、経済成長に伴い地方都市では経済優先の都市開発が行われ、鉄道駅を中心とした均質化した商業地域、中心市街地、行政地域を核としたまちの骨格が形づくられ、住宅地は宅地開発により都市周辺にスプロールしていった。経済的合理性、効率性や利便性を求めたこの半世紀の歩みのなかで私たちは失ったものも多い。地方のまちの中心市街地は海や山、川など自然の豊かな環境が身近にあり、また歴史が培った文化やコンパクトな交通インフラも備わっている。地方都市には小ささゆえの良さがある。
　「幸福度」という指標がある。これは主観的な「幸福度」の程度のことであり、具体的には経済社会状況／健康／ライフスタイル、家族や地域、自然とのつながりの関係性／が挙げられる。「幸福度」の国際比較を見ると、我が国は中位で先進国の中では最下位辺りの位置付けとなっている。まちの在り方や建築を通して、豊かな生活とはなにかを改めて問うてみたい。現在のまちを再開発するのではなく、50年前に遡ってリセットして、現在あるべき「もう一つのまち・もう一つの建築」を構想してください。
　　　　　　（審査委員長　石田　敏明）

〈応募規程〉
A. 課題
　　もう一つのまち・もう一つの建築
B. 条件
　　実在の場所（計画対象）を設定してください。

C. 要求図面および提出資料
(1) 提出資料：提出資料の用紙はA1サイズ2枚（594×841mm）とします。なお、サイズ厳守、変形不可、2枚つなぎ合わせることは不可です。提出資料の裏面には、それぞれの番号を付けてください（No.1, No.2と明記）。仕上げは自由としますが、写真等を貼り付ける場合は剥落しないように注意してください。なお、パネル、ボード類は使用しないでください。模型、ビデオ等は受け付けません。

(2) 要求図面等：要求図面は、配置図、平面図、断面図、立面図、透視図です（縮尺明記のこと）。提出資料には要求図面のほか、計画対象の現状や計画条件を図や写真等を用いて解説したものと、設計主旨（600字以内の文章にまとめ、10ポイント以上の文字で提出資料中に記入）、模型写真等を自由に組み合わせ、わかりやすく表現してください。

(3) 提出資料とは別に、上記（2）の設計趣旨をA4判用紙1枚（縦使い）に印刷して提出してください。

(4) 上記のほかにデータ類として、（1）2枚の提出資料の内容をそれぞれ350dpiのPDFファイルとしたもの、（2）設計主旨の要約（200字以内）のテキストデータ、（3）顔写真（横4cm×縦3cm以内：顔が写っているものに限る）のデータ、を納めたDVDまたはCDを1部提出してください。

※提出資料及びデータ類は、全て無記名としてください。
　なお、（4）は審査対象の資料としては使用せず、入選後の作品集の原稿の一部として使用いたします。

D. その他注意事項
(1) 図面および設計主旨の概要文用紙には、応募者の氏名・所属などがわかるようなものを記入してはいけません。
(2) 応募作品は、ほかの設計競技等と二重応募になる作品、あるいはすでに発表された作品は応募できません。
(3) 応募作品は、本人の作品でオリジナルな作品であることを要求します。

E. 応募資格
　本会個人会員とします。

F. 提出方法
(1) 所定の応募申込書（本会ホームページから入手して下さい。http://www.aij.or.jp/jpn/symposium/2015/compe.pdf）・主旨概要文用紙（A4サイズ）を入れた封筒と図面と提出資料を一括して提出してください。なお、受領通知が必要な方は、受領通知返信ハガキ（官製ハガキに代表者の住所・氏名記入のこと）を同封してください。

(2) 応募作品は1案ごとに別々に提出してください。

(3) 締切期日：2015年6月26日（金）
　　　　　　　必着（17:00まで）

(4) 提出先：計画対象の所在地を所轄する本会各支部の事務局とします。たとえば、関東支部所属の応募者が、東北支部所轄地域内に場所を設定した場合は東北支部へ提出してください。ただし、海外に場所を設定した場合は、応募者が所属する支部へ提出してください。

(5) 各支部事務局　所在地一覧

北海道支部
（北海道）
〒060-0004 札幌市中央区北4条西3丁目1番地
北海道建設会館6階
TEL.011-219-0702

東北支部
（青森、岩手、宮城、秋田、山形、福島）
〒980-0011 仙台市青葉区上杉1丁目5番地15号
日本生命仙台勾当台南ビル4階
TEL.022-265-3404

関東支部
（茨城、栃木、群馬、埼玉、千葉、東京、神奈川、山梨）
〒108-8414 港区芝5丁目26番20号
TEL.03-3456-2050

東海支部
（静岡、岐阜、愛知、三重）
〒460-0008 名古屋市中区栄4丁目3番26号
昭和ビル5階
TEL.052-243-6244

北陸支部
（新潟、富山、石川、福井、長野）
〒920-0863 金沢市玉川町15丁目1番地
パークサイドビル3階
TEL.076-220-5566

近畿支部
（滋賀、京都、大阪、兵庫、奈良、和歌山）
〒550-0004 大阪市西区靭本町1丁目8番4号
大阪科学技術センター内
TEL.06-6443-0538

中国支部
（鳥取、島根、岡山、広島、山口）
〒730-0052 広島市中区千田町3丁目7番47号
広島県情報プラザ5階広島県建築士会内
TEL.082-243-6605

四国支部
（徳島、香川、愛媛、高知）
〒782-0003 高知県香美市土佐山田町宮ノ口185
高知工科大学地域連携棟201号室
TEL.0887-53-4858

九州支部
（福岡、佐賀、長崎、熊本、宮崎、大分、鹿児島、沖縄）
〒810-0001 福岡市中央区天神4丁目7番11号
クレアビル5階
TEL.092-406-2416

G. 審査方法

(1) 支部審査
各支部に集まった応募作品を支部ごとに審査し、応募数が15点以下は応募数の1/3程度、16〜20点は5点を支部入選とします。また、応募数が20点を超える分は、5点の支部入選作品に支部審査委員の判断により、応募数5点ごと（端数は切り上げ）に対し1点を加えた点数を上限として支部入選とします。

(2) 全国審査
支部入選作品をさらに本部に集め全国審査を行い、H項の全国入選作品を選出します。

1. 全国1次審査会（非公開）
   全国2次審査進出作品のノミネートとタジマ奨励賞を決定します。

2. 全国2次審査会（公開）
   ノミネート者によるプレゼンテーションを実施し、その後に最終審査を行い、各賞と佳作を決定します。なお、代理によるプレゼンテーションは認めません。
   （タジマ奨励賞のプレゼンテーションはありません）
   日時：9月4日（金）10:00〜15:00
   場所：東海大学
   　　（大会会場：神奈川県平塚市北金目4-1-1）

   #### プログラム（予定）
   10:00〜　開場
   10:15〜12:00
   　ノミネート者によるプレゼンテーション
   　（発表時間8分間／PCプロジェクターは主催者側で用意します。コンピューター等は各自で用意してください。）
   13:00〜15:00　公開審査
   16:15〜17:00　表彰式
   （プログラムは、大会スケジュールにより時間が多少前後する場合があります。）

(3) 審査員 (敬称略順不同)

〈全国審査員〉
審査委員長
　石田　敏明（前橋工科大学教授）
審　査　員
　赤松佳珠子（シーラカンス アンド アソシエイツ代表取締役／法政大学准教授）
　鯵坂　徹（鹿児島大学大学院教授）
　岩田三千子（摂南大学教授）
　竹内　徹（東京工業大学教授）
　三谷　徹（千葉大学教授）
　横山　天心（富山大学講師）

〈支部審査員〉
●北海道支部
　川人　洋志（北海道科学大学教授）
　赤坂真一郎（アカサカシンイチロウアトリエ代表取締役）
　小西　彦仁（ヒココニシ設計事務所代表取締役）
　山田　良（札幌市立大学准教授）
　山之内裕一（山之内建築研究所代表）
●東北支部
　櫻井　一弥（東北学院大学教授）
　手島　浩之（都市建築集団／UAPP代表取締役）
　増田　聡（東北大学教授）
　福屋　粧子（東北工業大学講師）
　坂口　大洋（仙台高等専門学校教授）
●関東支部
　伊藤　博之（伊藤博之建築設計事務所代表）
　小岩　正樹（早稲田大学准教授）
　藤野　敏幸（日総建執行役員企画開発設計本部設計部長）
　鉾岩　崇（佐藤総合計画執行役員開発設計室長）
　宮部　浩幸（SPEAC パートナー）
●東海支部
　谷田　真（名城大学准教授）
　高木　清江（愛知産業大学准教授）
　脇坂　圭一（名古屋大学教授）
　早川　紀朱（中部大学准教授）
　曽我　裕（竹中工務店名古屋支店設計部専門役）
●北陸支部
　西村　伸也（新潟大学教授）
　鈴木　晋（新潟大学大学院非常勤講師）
　竹林　正宏（富山県建築住宅センター専務理事）
　中森　勉（金沢工業大学教授）
　矢尾　憲一（ヤオ設計代表）
　梅干野成央（信州大学准教授）
●近畿支部
　加賀尾和紀（鴻池組設計本部建築設計第2部課長）
　角田　曉治（京都工芸繊維大学大学院准教授）
　北村　潤（東畑建築事務所設計部シニアアーキテクト）
　小林　直紀（安井建築設計事務所設計部部長）
　松本　明（近畿大学教授）
●中国支部
　岡河　貢（広島大学工学部准教授）
　小川　晋一（近畿大学教授）
　松本　静夫（前福山大学教授）
　村上　徹（広島工業大学教授）
●四国支部
　内野　輝明（内野設計代表）
　恵谷　益行（四電技術コンサルタント建築部部長）
　平山　昌信（艸建築工房代表）
　松浦　洋（松浦設計代表）
●九州支部
　池添　昌幸（福岡大学准教授）
　大谷　直己（PARA-DESIGNLAB代表取締役）
　木方　十根（鹿児島大学教授）
　下田　貞幸（熊本高等専門学校教授）
　鶴崎　直樹（九州大学准教授）

H. 賞および発表

(1) 賞
1. 支部入選者：支部長より賞状および賞牌を贈ります（ただし、全国入選者は除く）。
2. 全国入選者：次のとおりとします。
● **最優秀賞**：2点以内
　賞状・賞牌・賞金（計100万円）
● **優 秀 賞**：数点
　賞状・賞牌・賞金（各10万円）
● **佳　　作**：数点
　賞状・賞牌・賞金（各5万円）
（授与は合計で12点以内とします。）

3. タジマ奨励賞：10点以内
　賞状・賞牌・賞金（各10万円）
　（タジマ奨励賞は、タジマ建築教育振興基金により、支部入選作品の中から、準会員の個人またはグループを対象に授与します。）
　注：賞金は、すべて税込みです。

(2) 入選の発表
1. 入選の発表
・支部審査の結果：各支部より応募者に通知（8/5以降）。
・全国審査の結果：支部入選者には、全国1次審査結果を8月上旬に通知。
・全国入選作品、審査講評：建築雑誌2015年11月号誌上発表。
・全国入選作品展示：大会会場にて開催。
2. 支部入選者賞の贈呈：各支部による。
　全国入選者表彰式：9月4日（金）
　東海大学（大会会場）

I. 著作権
入選作品の著作権は、入選者に帰属します。ただし、建築学会がこの事業の主旨に則して入選作品を会誌またはホームページへの掲載、図書の出版、展示などの公表のために用いる場合、入選者は無償で作品データ等の使用を認めることとします。

J. その他
(1) 応募作品は、返却致しません。必要な方は作品の控えと作品データを保管してください。
(2) 質疑は受け付けません。
(3) 応募規程に違反した場合は受賞を取り消すことがあります。

K. 問合せ（本部・支部事務局）
日本建築学会　各支部事務局
　　　　　　　設計競技担当(F(5)参照)
日本建築学会　本部事務局　設計競技担当
〒108-8414 東京都港区芝5-26-20
　　　　　　　TEL.03-3456-2056

2015年度設計競技
入選者・応募数一覧

■全国入選者一覧

賞	会員	代表	制作者	所属	支部
最優秀賞	正会員	○	小野　竜也	名古屋大学大学院	東海
	〃		蒲　健太朗	名古屋大学大学院	
	〃		服部　奨馬	名古屋大学大学院	
最優秀賞	正会員	○	奥野　智士	関西大学大学院	近畿
	〃		寺田　桃子	関西大学大学院	
	〃		中野　圭介	関西大学大学院	
優秀賞 タジマ奨励賞	準会員	○	村山　大騎	愛知工業大学	東海
	〃		平井創一朗	愛知工業大学	
優秀賞 タジマ奨励賞	準会員	○	相見　良樹	大阪工業大学	近畿
	〃		相川　美波	大阪工業大学	
	〃		足立　和人	大阪工業大学	
	〃		磯崎　祥吾	大阪工業大学	
	〃		木原　真慧	大阪工業大学	
	〃		中山　敦仁	大阪工業大学	
	〃		廣田　貴之	大阪工業大学	
	〃		藤井　彬人	大阪工業大学	
	〃		藤岡　宗杜	大阪工業大学	
優秀賞	正会員	○	中馬　啓太	関西大学大学院	近畿
	〃		銅田　匠馬	関西大学大学院	
	〃		山中　晃	関西大学大学院	
優秀賞	正会員	○	市川　雅也	立命館大学大学院	九州
	〃		廣田　竜介	立命館大学大学院	
	〃		松﨑　篤洋	立命館大学大学院	
佳作	正会員	○	市川　雅也	立命館大学大学院	関東
	〃		寺田　穂	立命館大学大学院	
佳作	正会員	○	宮垣　知武	慶應義塾大学大学院	関東
佳作 タジマ奨励賞	準会員	○	河口　名月	愛知工業大学	北陸
	〃		大島　泉奈	愛知工業大学	
	〃		沖野　琴音	愛知工業大学	
	〃		鈴木　来未	愛知工業大学	
佳作	正会員	○	大村　公亮	信州大学大学院	北陸
佳作	正会員	○	藤江　眞美	愛知工業大学大学院	北陸
	〃		後藤　由子	愛知工業大学大学院	
佳作 タジマ奨励賞	準会員	○	片岡　諒	摂南大学	近畿
	〃		岡田　大洋	摂南大学	
	〃		妹尾さくら	摂南大学	
	〃		長野　公輔	摂南大学	
	〃		藤原　俊也	摂南大学	

■タジマ奨励賞入選者一覧

賞	会員	代表	制作者	所属	支部
タジマ奨励賞	準会員	○	直井美の里	愛知工業大学	東海
	〃		三井崇司	愛知工業大学	
タジマ奨励賞	準会員	○	上東寿樹	広島工業大学	中国
	〃		赤岸一成	広島工業大学	
	〃		林聖人	広島工業大学	
	〃		平田祐太郎	広島工業大学	
タジマ奨励賞	準会員	○	西村慎哉	広島工業大学	中国
	〃		阪口雄大	広島工業大学	
	〃		岡田直果	広島工業大学	
タジマ奨励賞	準会員	○	武谷創	九州大学	九州

■支部別応募数、支部選数、全国選数

支部	応募数	支部入選	全国入選	タジマ奨励賞
北海道	6	2		
東北	7	1		
関東	53	12	佳作2	
東海	35	8	最優秀賞1 優秀賞1	タジマ2
北陸	15	5	佳作3	タジマ1
近畿	40	9	最優秀賞1 優秀賞2 佳作1	タジマ2
中国	37	6		タジマ2
四国	10	3		
九州	78	17	優秀賞1	タジマ1
合計	281	63	12	8

日本建築学会設計競技 事業概要・沿革

　明治22年（1889年）、帝室博物館を通じての依頼で「宮城正門やぐら台上銅器の意匠」を募集したのが、学会最初の設計競技である。

　はじめて学会が主催で催したものは、明治39年（1906年）の「日露戦役記念建築物意匠案懸賞募集」である。

　その後しばらく外部からのはたらきかけによるものが催された。

　昭和4年（1929年）から建築展覧会（第3回）の第2部門として設計競技を設け、若い会員の登竜門とし、昭和18年（1943年）を最後に戦局悪化で中止となるまで毎年催された。これが現在の前身となる。

　戦後になって支部が全国的に設けられ、昭和26年（1951年）に関東支部が催した若い会員向けの設計競技に全国から多数応募があったことがきっかけで、昭和27年度（1952年）から本部と支部主催の事業として、会員の設計技能練磨を目的とした設計競技が毎年恒例で催されている。

　この設計競技は、第一線で活躍されている建築家が多数入選しており、建築家を目指す若い会員の登竜門として高い評価を得ている。

日本建築学会設計競技／1952年—2014年 課題と入選者一覧

●1952　防火建築帯に建つ店舗付共同住宅

順位	氏名	所属
1等	伊藤 清	成和建設名古屋支店
2等	工藤隆昭	竹中工務店九州支店
3等	大木康次	郵政省建築部
	広瀬一良	中建築設計事務所
	広谷嘉秋	〃
	梶田 丈	〃
	飯岡重雄	清水建設北陸支店
	三谷昭男	京都府建築部

●1953　公民館

順位	氏名	所属
1等	宮入 保	早稲田大学
2等	柳 真也	早稲田大学
	中田清兵衛	早稲田大学
	桝本 賢	〃
	伊橋戊義	〃
3等	鈴木喜久雄	武蔵工業大学
	山田 篤	愛知県建築部
	船橋 巌	大林組
	西尾武史	〃

●1954　中学校

順位	氏名	所属
1等	小谷喬之助	日本大学
	高橋義明	〃
	右田 宏	〃
2等（1席）	長倉康彦	東京大学大学院
	船越 徹	〃
	太田利彦	〃
	守屋秀夫	〃
	鈴木成文	〃
	筧 和夫	〃
	加藤 勉	〃
（2席）	伊藤幸一	清水建設大阪支店
	稲葉歳明	〃
	木村康彦	〃
	木下晴夫	〃
	讃岐捷一郎	〃
	福井弘明	〃
	宮武保義	〃
	森 正信	〃
	力武利夫	〃
	若野暢三	〃
3等（1席）	相田祐弘	坂倉建築事務所
	桝本 賢	日銀建築部
（2席）	森下祐良	大林組本店
（3席）	三宅隆幸	伊藤建築事務所
	山本晴生	横河工務所
	松原成元	横浜市役所営繕課

●1955　小都市に建つ小病院

順位	氏名	所属
1等	山本俊介	清水建設本社
	高橋精一	〃
	高野重文	〃
	寺本俊彦	〃
	間宮昭朗	〃
2等（1席）	浅香久春	建設省営繕局
	柳沢 保	〃
	小林 彰	〃
	杉浦 進	〃
	高野 隆	〃
	大久保欽之助	〃
	甲木康男	〃
	寺畑秀夫	〃
	中村鉄哉	〃
（2席）	野中 卓	野中建築事務所
3等（1席）	桂 久男	東北大学工学部
	坂田 泉	〃
	吉目木幸	〃
	武田 晋	〃
	松本啓俊	〃
	川股重也	〃
（2席）	星 達雄	東北大学工学部
	宇野 茂	鉄道会館技術部
（3席）	稲葉歳明	清水建設大阪支店
	宮武保義	〃
	木下晴夫	〃
	讃岐捷一郎	〃
	福井弘明	〃
	森 正信	〃

●1956　集団住宅の配置計画と共同施設

順位	氏名	所属
入選	磯崎 新	東京大学大学院
	奥平耕造	前川國男建築設計事務所
	川上秀光	東京大学大学院
	冷牟田純二	横浜市役所建築局
	小原 誠	電電公社建築局
	太田隆信	早稲田大学第一理工学部
	藤井博巳	〃
	吉川 浩	〃
	渡辺 満	〃
	岡田新一	東京大学大学院
	土肥博至	〃
	前田尚美	〃
	鎌田恭男	大阪市立大学大学院
	斎藤和夫	〃
	寺内 信	京都工芸繊維大学

●1957　市民体育館

順位	氏名	所属
1等	織田愈史	日建設計工房名古屋事務所
	根津耕一郎	〃
	小野ゆみ子	〃
2等	三橋千悟	渡辺西郷設計事務所
	宮入 保	佐藤武夫設計事務所
	岩井渭一	梓建築事務所
	岡部幸蔵	日建設計名古屋事務所
	勧納忠治	〃
	高橋 威	〃
3等	磯山 元	松田平田設計事務所
	青木安治	〃
	五十住明	〃
	太田昭三	清水建設九州支店
	大場昌弘	〃
	高田 威	大成建設大阪支店
	深谷浩一	〃
	平田泰次	〃
	美野吉昭	〃

●1958　市民図書館

順位	氏名	所属
1等	佐藤 仁	国会図書館建築部
	栗原嘉一郎	東京大学建築科
2等（1席）	入部敏幸	電電公社建築局
	小原 誠	〃
（2席）	小坂隆次	大阪市建築局
	佐川嘉弘	〃
3等（1席）	溝端利美	鴻池組名古屋支店
（2席）	小玉武司	建設省営繕局
（3席）	青山謙一	潮建築事務所
	山岸文男	〃
	小林美夫	日本大学
	下妻 力	佐藤建築事務所

●1959　高原に建つユース・ホステル

順位	氏名	所属
1等	内藤徹男	大阪市立大学大学院
	多胡 進	〃
	進藤汎海	〃
	富田寛志	奥村組
2等（1席）	保坂陽一郎	芦原建築設計事務所
（2席）	沢田隆夫	芦原建築設計事務所

順位	氏名	所属
3等(1席)	太田隆信	坂倉建築事務所
(2席)	酒井蕚聿	名古屋工業大学
(3席)	内藤徹男 多胡 進 進藤汎海 富田寛志	大阪市立大学大学院 〃 〃 奥村組

●1960 ドライブインレストラン

順位	氏名	所属
1等	内藤徹男 斎藤英彦 村尾成文	山下寿郎設計事務所 〃 〃
2等(1席)	小林美夫 若色峰郎	日本大学理工学部 〃
(2席)	太田邦夫	東京大学
3等(1席)	秋岡武男 竹原八郎 久門勇夫 藤田昌美 溝神宏至朗 結崎東衛	大阪市立大学工学部 〃 〃 〃 〃 〃
(2席)	沢田隆夫	芦原建築設計事務所
(3席)	浅見欣司 小高鎮夫 南迫哲也 野浦 淳	永田建築事務所 白石建築 工学院大学 宮沢・野浦建築事務所

●1961 多層車庫（駐車ビル）

順位	氏名	所属
1等	根津耕一郎 小松崎常夫	東畑建築事務所 〃
2等(1席)	猪狩達夫 高田光雄 土谷精一	菊竹清訓建築事務所 長沼純一郎建築事務所 住金鋼材
(2席)	上野斌	広瀬鎌二建築設計事務所
3等(1席)	能勢次郎 中根敏彦	大林組 〃
(2席)	丹田悦雄	日建設計工務
(3席)	千原久史 古賀新吾	文部省施設部福岡工事事務所 〃
(4席)	篠儀久雄 高楠直夫 平内祥夫 坂井勝次郎 伊藤志郎 田坂邦夫 岩淵淳次 桜井洋雄	竹中工務店名古屋支店 〃 〃 〃 〃 〃 〃 〃

●1962 アパート（工業化を目指した）

順位	氏名	所属
1等	大江幸弘 藤田昌美	大阪建築事務所 〃
2等(1席)	多賀修三	中央鉄骨工事
(2席)	青木 健 桑本 洋 鈴木雅夫 弘永直康 古野 強	九州大学大学院 〃 〃 〃 〃
3等(1席)	大沢辰夫	日本住宅公団
(2席)	茂木謙悟 柴田弘光 岩尾 襄	九州大学 九州大学大学院 〃
(3席)	高橋博久	名古屋工業大学

●1963 自然公園に建つ国民宿舎

順位	氏名	所属
1等	八木沢壮一 戸口靖夫 大久保全陸	東京都立大学大学院 〃 〃

順位	氏名	所属
2等(1席)	若色峰郎 秋元和雄 筒井英雄 津路次朗	日本大学 清水建設 カトウ設計事務所 日本大学
(2席)	上塘洋一 松山岩雄 西村 武	西村設計事務所 白川設計事務所 吉江設計事務所
3等(1席)	竹内 皓 内川正人	三菱地所 〃
(2席)	保坂陽一郎	芦原建築事務所
(3席)	林 魏	石本建築事務所

●1964 国内線の空港ターミナル

順位	氏名	所属
1等	小松崎常夫	大江宏建築事務所
2等(1席)	山中一正	梓建築事務所
(2席)	長島茂己	明石建築事務所
3等(1席)	渋谷 昭 渋谷義宏 中村金治 清水英雄	建築創作連合 〃 〃 〃
(2席)	鈴木弘志	建設省営繕局
(3席)	坂巻弘一 高橋一躬 竹内 皓	大成建設 〃 三菱地所

●1965 温泉地に建つ老人ホーム

順位	氏名	所属
1等	松田武治 河合喬史 南 和正	鹿島建設 〃 〃
2等(1席)	浅井光広 松崎 稔 河西 猛	白川設計事務所 〃 〃
(2席)	森 惣介 岡田俊夫 白井正義 渡辺了策	東鉄管理局施設部 国鉄本社施設局 東鉄管理局施設部 国鉄本社施設局
3等(1席)	村井 啓 福沢健次 志田 巌 渡辺泰男	横総合計画事務所 〃 〃 千葉大学建築科
(2席)	近藤 繁 田村 清 水嶋勇郎 芳谷勝瀾	日建設計工務 〃 〃 〃
(3席)	森 史夫	東京工業大学

●1966 農村住宅

順位	氏名	所属
1等	鈴木清史 野呂恒二 山田尚義	小崎建築設計事務所 林・山田・中原設計同人 匠設計事務所
2等(1席)	竹内 耕 大吉春雄 椎名 茂	明治大学大学院 下元建築事務所 〃
(2席)	田村 光 倉光昌彦	中山克巳建築設計事務所 〃
3等(1席)	三浦紀之 高山芳彦	磯崎新アトリエ 関東学院大学
(2席)	増野 暁 井口勝文	竹中工務店 〃
(3席)	田良島昭	鹿児島大学

●1967 中都市に建つバスターミナル

順位	氏名	所属
1等	白井正義 深沢健二 柳下 計 清水党克 四日幹庸	東京鉄道管理局 国鉄東京工事局 東京鉄道管理局 国鉄東京工事局 東京鉄道管理局

順位	氏名	所属
	保坂時雄 早川一武 竹谷一夫 野原明彦 高本 司 森 惣介 渡辺了策 坂井敬次	国鉄東京工事局 東京鉄道管理局 国鉄東京工事局 東京鉄道管理局 〃 国鉄東京工事局 〃 〃
2等(1席)	安田丑作	神戸大学大学院
(2席)	白井正義 他12名1等入選者と同じ	東京鉄道管理局
3等(1席)	平 昭男	平建築研究所
(2席)	古賀宏右 矢野彰夫 清原 暢 紀田兼武 中野俊章 城島嘉八郎 木梨良彦 梶原 順	清水建設九州支店 〃 〃 〃 〃 〃 〃 〃
(3席)	唐川昭夫 畑 聰一 有坂 勝 平野 周 鈴木誠司	芝浦工業大学助手 芝浦工業大学 〃 〃 〃

●1968 青年センター

順位	氏名	所属
1等	菊地大麓	早稲田大学大学院
2等(1席)	長峰 章 長谷部浩	東洋大学助手 東洋大学大学院
(2席)	坂野醇一	日建設計工務名古屋事務所
3等(1席)	大橋晃一 大橋二朗	東京理科大学助手 東京理科大学学生
(2席)	柳村敏彦	教育施設研究所
(3席)	八木幸二	東京工業大学

●1969 郷土美術館

順位	氏名	所属
入選	気賀沢俊之 割田正雄 後藤直道	早稲田大学大学院 〃 〃
	小林勝由 冨士覇玉	丹羽英二建築事務所 清水建設名古屋支店
	和久昭夫 楓 文夫 若宮淳一 実崎弘司	桜井事務所 安宅エンジニアリング 〃 日本大学
	道本裕忠 福井敬之輔 佐藤 護	大成建設本社 大成建設名古屋支店 大成建設新潟支店
	橋本文隆 田村真一	芦原建築設計研究所 武蔵野美術大学

●1970 リハビリテーションセンター

順位	氏名	所属
入選	阿部孝治 伊集院豊麿 江上 徹 竹下秀俊 中溝信之 林 俊生	九州大学大学院 〃 〃 〃 〃 〃
	本田昭四 松永 豊	九州大学建築科助手 九州大学大学院
	土田裕康 松本信孝 岩渕昇二 佐藤憲一	東京都立田無工業高校 〃 工学院大学 中野区役所建設部
	坪山幸生 杉浦定雄	日本大学理工学部 アトリエ・K

順位	氏名	所属
	伊沢 岬	日本大学大学院
	江中伸広	〃
	坂井建正	〃
	小井義信	アトリエ・K
	吉田 諄	〃
	真鍋勝利	日本大学大学院
	田代太一	日本大学学生
	仲村澄夫	〃
	光崎俊正	岡建築設計事務所
	宗像博道	鹿島建設
	山本敏夫	〃
	森田芳憲	三井建設

●1971 小学校

順位	氏名	所属
1等	岩井光男	三菱地所
	鳥居和茂	西原研究所
	多田公昌	ヨコテ建築事務所
	芳賀孝和	和田設計コンサルタント
	寺田晃光	三愛石油
	大柿陽一	日本大学
2等	栗生 明	早稲田大学大学院
	高橋英二	早稲田大学学生
	渡辺吉章	〃
	田中那華男	井上久雄建築設計事務所
3等	西川禎一	鹿島建設
	天野喜信	〃
	山口 等	〃
	渋谷外志子	〃
	小林良雄	芦原建築設計研究所
	井上 信	千葉大学大学院
	浮々谷啓悟	〃
	大泉研二	〃
	清田恒夫	〃

●1972 農村集落計画

順位	氏名	所属
1等	渡辺一二	創造社
	大極利明	〃
	村山 忠	SARA工房
2等(1席)	藤本信義	東京工業大学大学院
	楠本侑司	〃
	藍沢 宏	〃
	野原 剛	〃
(2席)	成富善治	京都大学大学院
	町井 充	〃
3等(1席)	本田昭四	九州大学建築学科助手
	井手秀一	九州大学大学院
	樋口栄作	〃
	林 俊生	〃
	近藤芳男	〃
	日野 修	〃
	伊集院豊麿	〃
	竹下輝和	〃
(2席)	米津兼男	西尾建築設計事務所
	佐川秀雄	工学院大学
	大町知之	工学院大学研究生
	近藤英雄	工学院大学学生
(3席)	三好庸隆	阪大学院
	中原文雄	〃

●1973 地方小都市に建つコミュニティーホスピタル

順位	氏名	所属
1等	宮城千城	工学院大学助手
	石渡正行	工学院大学学生
	内野 豊	〃
	梶本実乗	〃
	天野憲二	〃
	小林正孝	〃
	三好 薫	〃
2等(1席)	高橋公雄	RG工房
	宝田昌秀	〃
	岩崎成義	〃
	加瀬幸次	〃

順位	氏名	所属
	内田久雄	RG工房
	安藤輝男	〃
(2席)	深谷俊則	UA都市・建築研究所
	込山俊二	山下寿郎設計事務所
	高村慶一郎	UA都市・建築研究所
3等(1席)	井手秀一	九州大学大学院
	上和田茂	〃
	竹下輝和	〃
	日野 修	〃
	梶山喜一郎	〃
	永富 誠	〃
	松下隆太	〃
	村上良知	〃
	吉村直樹	〃
(2席)	山本育三	関東学院大学
(3席)	大町知之	工学院大学大学院
	米津兼男	〃
	佐川秀雄	毛利建築設計事務所
	近藤英雄	工学院大学

●1974 コミュニティスポーツセンター

順位	氏名	所属
1等	江口 潔	千葉大学工学部
	斎藤 実	〃
2等(1席)	佐野原二	藍建築設計センター
(2席)	渡上和則	フジタ工業設計部
3等(1席)	津路次朗	アトリエ・K
	杉浦定雄	〃
	吉田 諄	〃
	真鍋勝利	〃
	坂井建正	〃
	田中重光	〃
	木田 俊	〃
	斎藤祐子	〃
	阿久津裕幸	〃
(2席)	神長一郎	SPACE DESIGN PRODUCE SYSTEM
(3席)	日野一男	日本大学工学部
	連川正徳	〃
	常川芳男	〃

●1975 タウンハウス―都市の低層集合住宅

順位	氏名	所属
1等	該当者なし	
2等	毛井正典	芝浦工業大学
	伊藤和範	早稲田大学
	石川俊治	日本国土開発
	大島博明	千葉大学大学院
	小室克夫	〃
	田中二郎	〃
	藤倉 真	〃
3等	衣袋洋一	芝浦工業大学
	中西義和	三貴土木設計事務所
	森岡秀幸	国土工営
	永友秀人	R設計社
	金子幸一	三貴土木設計事務所
	松田福和	奥村組本社

●1976 建築資料館

順位	氏名	所属
1等	佐藤元昭	奥村組
2等	田中康勝	芝浦工業大学大学院
	和田法正	〃
	香取光夫	〃
	田島英夫	〃
	福沢 清	〃
	功刀 強	〃
3等	伊沢 岬	日本大学助手
	大野 豊	日本大学大学院
	笠間康雄	〃
	柿本人司	日本大学学生
	佐藤洋一	〃

順位	氏名	所属
	高橋鎮男	日本大学学生
	場々洋介	〃
	入江敏郎	〃
	功刀 強	芝浦工業大学大学院
	田島英夫	〃
	福沢 清	〃
	和田法正	〃
	香取光夫	〃
	田中康勝	〃
	坂口 修	鹿島建設
	平田典千	〃
	山田嘉朗	東北大学大学院
	大西 誠	〃
	松元隆平	〃

●1977 買物空間

順位	氏名	所属
1等	湯山康樹	早稲田大学大学院
	小田恵介	〃
	南部 真	〃
2等	堀田一平	環境企画G
	藤井敏信	早稲田大学大学院
	柳田良造	〃
	長谷川正充	〃
	松本靖男	〃
	井上赫郎	首都圏総合計画研究所
	工藤秀美	〃
	金田 弘	環境企画G
	川名俊郎	工学院大学大学院
	林 俊司	〃
	渡辺 暁	工学院大学学生
3等	菅原尚史	東北大学大学院
	高坂憲治	〃
	千葉琢夫	東北大学研究生
	森本 修	東北大学大学院
	山田博人	〃
	長谷川章	早稲田大学大学院
	細川博彰	工学院大学大学院
	露木直己	日本大学理工学部大学院
	大内宏友	日本大学生産工学部大学院
	永徳 学	日本大学学生
	高瀬正二	工学院大学大学院
	井上清春	〃
	田中正裕	〃
	半貫正治	工学院大学学生

●1978 研修センター

順位	氏名	所属
1等	小石川正男	日本大学短期大学
	神波雅明	高岡建築事務所
	乙坂雅広	日本大学生産工学部
	永池勝範	鈴喜建設設計
	篠原則夫	日本大学理工学部
	田中光義	〃
2等	永島 宏	熊谷組本社
	本田征四郎	〃
	藤吉 恭	〃
	桜井経温	〃
	木野隆信	〃
	若松久雄	鹿島建設
3等	武馬 博	ウシヤマ設計研究室
	持田満輔	芝浦工業大学大学院
	丸田 睦	〃
	山本園子	芝浦工業大学学生
	小田切利栄	〃
	佐々木勤	〃
	田島 肇	〃
	飯島 宏	〃
	田島英夫	加藤アトリエ
	後藤伸一	前川國男建築設計事務所
	東原克行	〃
	田中隆吉	竹中工務店東京支店

●1979 児童館

順位	氏名	所属
1等	倉本卿介	フジタ工業
	福島節男	〃
	岸原芳人	〃
	杉山栄一	〃
	小泉直久	〃
	小久保茂雄	〃
2等	西沢鉄雄	早稲田大学専門学校
	青柳信子	〃
	秋田宏行	〃
	尾登正典	〃
	斎藤民樹	〃
	坂本俊一	〃
	新井一治	関西大学大学院
	山本孝之	〃
	村田直人	〃
	早瀬英雄	〃
	芳村隆史	〃
3等	中園真人	九州大学大学院
	川島 豊	〃
	永松由教	〃
	入江謙吾	〃
	小吉泰彦	九州大学大学院
	三橋 徹	〃
	山越幸子	〃
	多田善昭	斉藤孝建築設計事務所
	溝口芳典	香川県観音寺市土木事務所
	真鍋一伸	富士建設
	柳川恵子	斉藤孝建築設計事務所

●1980 地域の図書館

順位	氏名	所属
1等	三橋 徹	九州大学大学院
	吉田寛史	〃
	内村 勉	〃
	井上 誠	〃
	時政康司	〃
	山野善郎	〃
2等(1席)	若松久雄	鹿島建設
(2席)	塚ノ目栄寿	芝浦工業大学大学院
	山下高二	〃
	山本園子	〃
3等(1席)	布袋洋一	芝浦工業大学
	船山信夫	〃
	栗田正光	〃
(2席)	森 一彦	豊橋技術大学大学院
	梶原雅也	〃
	高村誠人	〃
	市村 弘	〃
	藤島和博	〃
	長村寛行	豊橋技術大学大学
(3席)	佐々木厚司	京都工芸繊維大学大学院
	野口道男	〃
	西村正裕	〃

●1981 肢体不自由児のための養護学校

順位	氏名	所属
1等	野久尾尚志	地域計画設計
	田畑邦男	
2等(1席)	井上 誠	九州大学
	磯野祥子	
	滝山 作	
	時政康司	
	中村隆明	
	山野善郎	
	鈴木義弘	
(2席)	三川比佐人	清水建設
	黒田和彦	
	中島晋一	
	馬場弘一郎	
	三橋 徹	
	吉田 博	

順位	氏名	所属
3等(1席)	川元 茂	九州大学
	郡 明宏	
	永島 潮	
	深野木信	
(2席)	畠山和幸	住友建設
(3席)	渡辺富雄	日本大学
	佐藤日出夫	
	中川龍吾	
	本間博之	
	馬場律也	

●1982 地場産業振興のための拠点施設

順位	氏名	所属
1等	城戸崎和佐	芝浦工業大学大学院
	大崎罔男	
	木村雅一	
	進藤憲治	
	宮本秀二	
2等	佐々木聡	東北大学大学院
	小沢哲三	
	小坂高志	
	杉山 丞	
	鈴木秀俊	
	三嶋志郎	
	山田真人	
	青木修一	工学院大学大学院
3等	出田 肇	創設計事務所
	大森正夫	京都工芸繊維大学大学院
	黒田智子	
	原 浩一	
	鷹村暢子	
	日高 章	
	岸本和久	京都工芸繊維大学学生
	岡田明浩	
	深野木信	九州大学大学院
	大津博幸	
	川崎光敏	
	川島浩孝	
	仲江 肇	
	西 洋一	

●1983 国際学生交流センター

順位	氏名	所属
1等	岸本広久	京都工芸繊維大学大学院
	柴田 厚	
	藤田泰広	
2等	吉岡栄一	芝浦工業大学大学院
	佐々木和子	
	照沼博志	
	大野幹雄	
	糟谷浩史	京都工芸繊維大学大学院
	鷹村暢子	
	原 浩一	
3等	森田達志	工学院大学大学院
	丸山正仁	工学院大学大学院
	深野木信	九州大学大学院
	川崎光敏	
	高須芳史	
	中村孝至	
	長嶋洋子	
	ウ・ラタン	

●1984 マイタウンの修景と再生

順位	氏名	所属
1等	山崎正史	京都大学助手
	浅川滋男	京都大学大学院
	千葉道也	
	八木雅夫	
	リッタ・サラスティエ	京都大学研究生
	金 竜河	京都大学学生
	カテリナ・メグミ・ナバミネ	
	曽野泰行	
	若松 準	
2等	宗平真澄	関西大学大学院
	近宮健一	

順位	氏名	所属
	池田泰彦	九州芸術工科大学大学院
	米永優子	
	塚原秀典	
	上田俊三	九州芸術工科大学学生
	応地丘子	〃
	梶原美樹	
3等	大野泰史	鹿島建設
	伊藤吉和	千葉大学大学院
	金 秀吉	
	小林一雄	
	堀江 隆	
	佐藤基一	
	須永浩邦	
	神尾幸伸	関西大学大学院
	宮本昌彦	

●1985 商店街における地域のアゴラ

順位	氏名	所属
1等	元氏 誠	京都工芸繊維大学大学院
	新田晃尚	
	浜村哲朗	
2等	栗原忠一郎	連合設計栗原忠建築設計事務所
	大成二信	
	千葉道也	京都大学大学院
	増井正哉	
	三浦英樹	
	カテリナ・メグミ・ナガミネ	
	岩松 準	
	曽野泰行	
	金 浩哲	京都大学研究生
	太田 潤	京都大学学生
	大守昌利	
	大倉克仁	
	加茂みどり	
	川村 豊	
	黒木俊正	
	河本 潔	
3等	藤沢伸佳	日本大学大学院
	柳 泰彦	
	林 和樹	
	田崎祐生	京都大学大学院
	川人洋志	
	川野博義	
	原 哲也	
	八木康夫	
	和田 淳	京都大学学生
	小谷邦夫	
	上田嘉之	
	小路直彦	関西大学大学院
	家田知明	
	松井 誠	

●1986 外国に建てる日本文化センター

順位	氏名	所属
1等	松本博樹	九州芸術工科大学
	近藤英夫	
2等(特別賞)	キャロリン・ディナス	オーストラリア
2等	宮宇地一彦	法政大学講師
	丸山茂生	早稲田大学大学院
	山下英樹	
3等	グウゥン・タン	オーストラリア
	アスコール・ピーターソンズ	
	高橋喜人	早稲田大学大学院
	杉浦友哉	早稲田大学大学院
	小林達也	日本大学大学院
	小川克己	
	佐藤信治	

●1987 建築博物館

順位	氏名	所属
1等	中島道也	京都工芸繊維大学大学院
	神津昌哉	〃
	丹羽喜裕	〃

順位	氏名	所属
	林　秀典	京都工芸繊維大学大学院
	奥　佳弥	〃
	関井　徹	〃
	三島久範	〃
2等 (1席)	吉田敏一	東京理科大学大学院
(2席)	川北健雄	大阪大学大学院
	村井　貢	〃
	岩田尚樹	〃
3等	工藤信啓	九州大学大学院
	石井博文	〃
	吉田　勲	〃
	大坪真一郎	〃
	當間　卓	日本大学大学院
	松岡辰郎	〃
	氏家　聡	〃
	松本博樹	九州芸術工科大学大学院
	江島嘉祐	九州芸術工科大学学生
	坂原裕樹	〃
	森　裕	〃
	渡辺美恵	〃

●1988　わが町のウォーターフロント

順位	氏名	所属
1等	新間英一	日本大学大学院
	丹羽雄一	〃
	橋本樹宜	〃
	草薙茂雄	日本大学学生
	毛見　究	〃
2等 (1席)	大内宏友	日本大学生産工学部勤
	岩田明士	日本大学大学院
	関根　智	〃
	原　直昭	〃
	村島聡乃	〃
(2席)	角田暁治	京都工芸繊維大学大学院
3等	伊藤　泰	日本大学
	橋寺和子	関西大学大学院
	居内章夫	〃
	奥村浩和	〃
	宮本昌彦	〃
	工藤信啓	九州大学大学院
	石井博文	〃
	小林美和	〃
	松江健吾	〃
	森次　顕	〃
	石川恭温	九州大学学生

●1989　ふるさとの芸能空間

順位	氏名	所属
1等	湯淺篤哉	日本大学
	広川昭二	〃
2等 (1席)	山岡哲哉	東京理科大学大学院
(2席)	新間英一	日本大学大学院
	長谷川晃三郎	日本大学学生
	岡里　潤	〃
	佐久間明	〃
	横尾愛子	〃
3等	直井　功	芝浦工業大学大学院
	飯嶋　淳	〃
	松田葉子	〃
	浅見　清	〃
	清水健太郎	〃
	丹羽雄一	日本大学大学院
	松原明生	京都工芸繊維大学大学院

●1990　交流の場としてのわが駅わが駅前

順位	氏名	所属
1等	鎌田泰寛	芝浦工業大学大学院
2等 (1席)	若林伸吾	ゼブラクロス/環境計画研究機構
(2席)	植竹和弘	日本大学大学院

順位	氏名	所属
	根岸延行	日本大学学生
	中西邦弘	〃
3等	飯田隆弘	日本大学大学院
	山口哲也	日本大学学生
	佐藤教明	〃
	佐藤滋晃	〃
	本田昌明	京都工芸繊維大学大学院
	加藤正浩	京都工芸繊維大学大学院
	矢部達也	〃
第2部 優秀作品	辺見昌克	東北工業大学
	重田真理子	日本大学
	小笠原滋之	日本大学
	岡本真吾	〃
	堂下　浩	〃
	曽根　奨	〃
	田中　剛	〃
	高倉朋文	〃
	富永隆弘	〃

●1991　都市の森

順位	氏名	所属
1等	北村順一	EARTH-CREW 空間工房
2等 (1席)	山口哲也	日本大学大学院
	河本憲一	〃
	広川雅樹	日本大学学生
	日下部仁志	〃
	伊藤康史	〃
	高橋武志	〃
(2席)	河合哲夫	京都工芸繊維大学大学院
3等	吉田幸代	東京電機大学大学院
	大勝義夫	東京電機大学大学院
	小川政彦	〃
	有馬浩一	京都工芸繊維大学大学院
第2部 優秀作品	真崎英嗣	京都工芸繊維大学
	片桐岳志	日本大学
	豊川健太郎	神奈川大学

●1992　わが町のタウンカレッジをつくる

順位	氏名	所属
1等	増重雄治	広島大学大学院
	平賀直樹	〃
	東　哲也	〃
2等	今泉　純	東京理科大学大学院
	笠継　浩	九州芸術工科大学大学院
	吉澤宏生	〃
	梅元建治	〃
	藤本弘子	〃
3等	大橋千枝子	早稲田大学大学院
	永澤明彦	〃
	野嶋　徹	〃
	堀江由布子	〃
	水川ひろみ	〃
	葉　華	〃
	龍　治男	〃
	永井　牧	東京理科大学大学院
	佐藤教明	日本大学大学院
	木口英俊	〃
第2部 優秀作品	田代拓未	早稲田大学
	細川直哉	早稲田大学
	南谷武志	豊橋技術科学大学
	植村龍治	〃
	鵜飼優美代	〃
	楊　迪鋼	〃
	品川ちとせ	〃

順位	氏名	所属
●1993　川のある風景		
1等	堀田典裕	名古屋大学大学院
	片木孝治	名古屋大学研究生
2等	宇高雄志	豊橋技術科学大学大学院
	新宅昭文	豊橋技術科学大学大学院
	金田俊美	豊橋技術科学大学大学院
	藤本統久	豊橋技術科学大学学生
	阪田弘一	大阪大学助手
	板谷善晃	大阪大学大学院
	榎木靖倫	〃
3等	坂本龍宣	日本大学大学院
	戸田正幸	日本大学学生
	西出慎吾	〃
	安田利宏	京都工芸繊維大学大学院
	原　竜介	京都府立大学大学院
第2部 優秀作品	瀬木博重	東京理科大学
	平原英樹	東京理科大学
	岡崎光邦	日本文理大学
	岡崎泰和	〃
	米良裕二	〃
	脇坂隆治	〃
	池田貴光	〃

●1994　21世紀の集住体

順位	氏名	所属
1等	尾崎敦俊	関西大学大学院
2等	岩佐明彦	東京大学大学院
	疋田誠二	神戸大学大学院
	西端賢一	〃
	鈴木　賢	〃
3等	菅沼秀樹	北海道大学大学院
	ピメンテル・フランシスコ	
	藤石真樹	九州大学大学院
	唐崎祐一	〃
	安武敦子	九州大学大学院
	柴田　健	〃
第2部 優秀作品	太田光則	日本大学生産工学部
	南部健太郎	〃
	岩間大輔	〃
	佐久間朗	〃
	桐島　徹	日本大学生産工学部
	長澤秀徳	〃
	福井恵一	〃
	蓮池　崇	〃
	利久　豪	〃
	薩摩亮治	京都工芸繊維大学工芸学部
	大西康伸	〃

●1995　テンポラリー・ハウジング

順位	氏名	所属
1等	柴田　建	九州大学大学院
	上野恭子	〃
	Nermin Mohsen Elokla	
2等	津國博英	エムアイエー建築デザイン研究所
	鈴木秀雄	
	川上浩史	日本大学大学院
	圓塚紀祐	〃
	村松哲志	〃
3等	伊藤秀明	工学院大学大学院
	中井賀代	関西学院大学大学院
	伊藤一未	関西学院大学学生
	内記英文	熊本大学大学院
	早樋　努	〃
第2部 優秀作品	崎田由紀	日本女子大学
	的場喜郎	日本大学
	横地哲哉	日本大学
	大川航洋	〃

順位	氏名	所属
	小越康乃	日本大学
	大野和之	〃
	清松寛史	〃

●1996　空間のリサイクル

順位	氏名	所属
1等	木下泰男	北海道造形デザイン専門学校講師
2等	大竹啓文	筑波大学大学院
	松岡良樹	〃
	吉村紀一郎	豊橋技術科学大学大学院
	江川竜之	〃
	太田一洋	〃
	佐藤裕子	〃
	増田成政	〃
3等	森 雅章	京都工芸繊維大学大学院
	上田佳奈	京都工芸繊維大学学生
	石川主税	名古屋大学大学院
	中 敦史	関西大学大学院
	中島健太郎	関西大学学生
第2部優秀作品	徳田光弘	九州芸術工科大学
	浅見苗子	東洋大学
	池田さやか	〃
	内藤愛子	〃
	藤ヶ谷えり子	香川職業能力開発短期大学校
	久永康子	〃
	福井由香	〃

●1997　21世紀の『学校』

順位	氏名	所属
1等	三浦 慎	フリー
	林 太郎	東京芸術大学大学院
	千野晴己	東京芸術大学
2等	村松保洋	日本大学大学院
	渡辺泰夫	日本大学
	森園知弘	九州大学大学院
	市丸俊一	〃
3等	豊川斎赫	東京大学大学院
	坂牧由美子	〃
	横田直子	熊本大学大学院
	高橋将幸	〃
	中野純子	〃
	松本 仁	〃
	富永誠一	〃
	井上貴明	〃
	岡田信男	〃
	李 煒強	〃
	藤本美由紀	〃
	澤村 要	〃
	浜田智紀	〃
	宮崎剛哲	〃
	風間奈津子	〃
	今村正則	〃
	中村伸二	〃
	山下 剛	鹿児島大学
第2部優秀作品	間下奈津子	早稲田大学
	瀬戸健似	日本大学
	土屋 誠	〃
	遠藤 誠	〃
	渋川 隆	東京理科大学

●1998　『市場』をつくる

順位	氏名	所属
最優秀賞	宇野勇治	名古屋工業大学大学院
	三好光行	〃
	眞中正司	日建設計
優秀賞	筧 雄平	東北大学大学院
	村口 玄	〃
	福島理恵	早稲田大学大学院
	齋藤篤史	京都工芸繊維大学大学院
	東尾勝則	近畿大学大学院

順位	氏名	所属
タジマ奨励賞	山口雄治	東洋大学
	坂巻 哲	〃
	齋藤真紀	早稲田大学専門学校
	浅野早苗	〃
	松本亜矢	〃
	根岸広人	早稲田大学専門学校
	石井友子	〃
	小池益代	〃
	原山 賢	信州大学
	齋藤み穂	関西大学
	竹森紘臣	〃
	井川 清	関西大学
	葉山純士	〃
	前田利幸	〃
	前村直紀	〃
	横山敦一	大阪大学
	青山祐子	〃
	倉橋尉仁	〃

●1999　住み続けられる"まち"の再生

順位	氏名	所属
最優秀賞 タジマ奨励賞	多田正治	大阪大学
	南野好司	〃
	大浦寛登	〃
優秀賞	北澤 猛	東京大学
	遠藤 新	東京大学大学院
	市原富士夫	〃
	今村洋一	〃
	野原 卓	〃
	今川俊一	東京大学
	栗原謙樹	東京大学大学院
	田中健介	〃
	中島直人	〃
	三牧浩也	〃
	荒俣桂子	〃
	中楯哲史	法政大学大学院
	安食公治	〃
	岡本欣士	〃
	熊崎敦史	〃
	西牟田奈々	〃
	白川 在	〃
	増見収太	〃
	森島則文	フジタ
	堀田忠義	〃
	天満智子	〃
	松島啓之	神戸大学大学院
	大村俊一	大阪大学大学院
	生川慶一郎	〃
	横田 郁	〃
タジマ奨励賞	開 歩	東北工業大学
	鳥山暁子	東京理科大学
	伊藤教司	東京理科大学
	石冨達郎	金沢大学
	北野清晃	〃
	鈴木秀典	〃
	大谷瑞絵	〃
	青木宏之	和歌山大学
	伊佐治克哉	〃
	島田 聖	〃
	高井美樹	〃
	濱上千香子	〃
	平林嘉泰	〃
	藤本玲子	〃
	松川真之介	〃
	向井啓晃	〃
	山崎和義	〃
	岩間大輔	〃
	徳宮えりか	〃
	菊野 恵	〃
	中瀬由子	〃
	山田細香	〃

順位	氏名	所属
	今井敦士	摂南大学
	東 雅人	〃
	櫛部女士	〃
	奥野洋平	近畿大学
	松本幸治	〃
	中野百合	日本文理大学
	日下部真一	〃
	下地大樹	〃
	大前弥佐子	〃
	小沢博克	〃
	具志堅元一	〃
	三浦琢哉	〃
	濱村諭志	〃

●2000　新世紀の田園居住

順位	氏名	所属
最優秀賞	山本泰裕	神戸大学大学院
	吉池寿顕	〃
	牛戸陽治	〃
	本田 互	フリー
	村上 明	九州大学大学院
優秀賞	藤原徹平	横浜国立大学大学院
	高橋元氣	フリー
	畑中久美子	神戸芸術工科大学大学院
	齋藤篤史	竹中工務店
	富田祐一	アール・アイ・エー大阪支社
	嶋田泰子	竹中工務店
タジマ奨励賞	張替那麻	東京理科大学
	平本督太郎	慶應義塾大学
	加曽利千草	〃
	田中真美子	〃
	三上哲哉	〃
	三島由樹	〃
	花井奏達	大同工業大学
	新田一真	金沢工業大学
	新藤太一	〃
	日野直人	〃
	早見洋平	信州大学
	岡部敏明	日本大学
	青山 純	〃
	斉藤洋平	〃
	秦野浩司	〃
	木村輝之	〃
	重松研二	〃
	岡田俊博	〃
	森田絢子	明石工業高等専門学校
	木村恭子	〃
	永尾達也	〃
	延東 治	明石工業高等専門学校
	松森一行	〃
	田中雄一郎	高知工科大学
	三木結花	〃
	横山 藍	〃
	石田計志	〃
	松本康夫	〃
	大久保圭	〃

●2001　子ども居場所

順位	氏名	所属
最優秀賞	森 雄一	神戸大学大学院
	祖田篤輝	〃
	碓井 亮	神戸大学
優秀賞	小地沢将之	東北大学大学院
	中塚祐一郎	〃
	浅野久美子	東北大学
(タジマ奨励賞)	山本幸恵	早稲田大学芸術学校
	太刀川寿子	〃
	横井祐子	〃
	片岡照博	工学院大学・早稲田大学芸術学校
	深澤たけ美	豊橋技術科学大学大学院
	森川勇己	〃

順位	氏名	所属
	武部康博 安藤 剛	豊橋技術科学大学大学院 〃
	石田計志 松本康夫	高知工科大学大学院 〃
タジマ奨励賞	増田忠史 高尾研也 小林恵吾 蜂谷伸治	早稲田大学 〃 〃 〃
	大木 圭	東京理科大学
	本間行人	東京理科大学
	山田直樹 秋山 貴 直井宏樹 山崎裕介 湯浅信二	日本大学 〃 〃 〃 〃
	北野雅士 赤松耕太 梅田由佳	豊橋技術科学大学 〃 〃
	坂口 祐 稲葉佳之 石井綾子 金子晃子	慶應義塾大学 〃 〃 〃
	森田絢子 木村恭子 永尾達也	明石工業高等専門学校 〃 東京大学
	山名健介 安井裕之 平田友隆 西元咲子 豊田憲洋 宗村卓季 密山 弘 片岡 聖 今村かおり	広島工業大学 〃 〃 〃 〃 〃 〃 〃 〃
	大城幸恵 水上浩一 米倉大喜 石峰顕道 安藤美代子 横田竜平	九州職業能力開発大学校 〃 〃 〃 〃 〃

●2002 外国人と暮らすまち

順位	氏名	所属
最優秀賞	竹田堅一 高山 久 依田 崇 宮野隆行	芝浦工業大学大学院 〃 〃 〃
	河野友紀 佐藤菜採 高山武士 都築 元	広島大学大学院 〃 〃 〃
	安井裕之 久安邦明 横川貴史	広島工業大学大学院 〃 〃
優秀賞	三谷健太郎 田中信也 穂積雄平 山本 学	東京理科大学大学院 千葉大学大学院 東京理科大学大学院 神奈川大学大学院
(タジマ奨励賞)	水上浩一 吉岡雄一郎 西村 恵 大脇淳一 古川晋作 川崎美紀子 安藤美代子 米倉大喜	九州職業能力開発大学校 〃 〃 〃 〃 〃 〃 〃
タジマ奨励賞	TEOH CHEE SIANG	千葉大学
	岩崎真志 中西 功 長田剛和	豊橋技術科学大学 〃 〃
	三原直也	京都工芸繊維大学

順位	氏名	所属
	安藤美代子 桑山京子 井原堅一 井上 歩 米倉大喜 水上浩一	九州職業能力開発大学校 〃 〃 〃 〃 〃
	矢橋 徹	日本文理大学

●2003 みち

順位	氏名	所属
最優秀賞 島本源徳賞	山田智彦 加藤大志 陶守奈津子 末廣倫子 中野 薫 鈴木葉子 廣瀬哲史 北澤有里	千葉大学大学院 〃 〃 〃 〃 〃 〃 〃
最優秀賞 (タジマ奨励賞)	宮崎明子 溝口省吾 細山真治	東京理科大学 〃 〃
	横川貴史 久安邦明 安井裕之	広島工業大学大学院 〃 〃
優秀賞	市川尚紀 石井 亮 石川雄一 中込英樹	東京理科大学 東京理科大学大学院 〃 〃
	表 尚玄 今井 朗 河合美保 今村 顕 加藤悠介 井上昌子 西脇智子 宮谷いずみ 稲垣大志 酢田祐子	大阪市立大学 〃 大阪市立大学大学院 〃 大阪市立大学 大阪市立大学大学院 〃 〃 大阪市立大学 〃
(タジマ奨励賞)	松川洋輔 嵯峨彰仁 川野伸寿 持留啓徳 国頭正章 雑賀勇志	日本文理大学 〃 〃 〃 〃 〃
タジマ奨励賞	中井達也 桑原悠樹 尾杉友浩 西澤嘉一 田中美帆	大阪大学 〃 〃 〃 〃
	森川真嗣	国立明石工業高等専門学校
	加藤哲史 佐々岡由訓 松岡由子 長池正純	広島大学 〃 〃 〃
	内田哲広 久留原明 松本幸子 割方文子	広島大学 〃 〃 〃
	宮内聡明 大西達郎 嶋田孝頼 野見山雄太 田村文乃	日本文理大学 〃 〃 〃 〃
	松浦 琢	九州芸術工科大学
	前田圭子 奥薗加奈子 西田朋美	国立有明工業高等専門学校 〃 〃
	田中隆志 古川晋作 保永勝重 田端孝蔵 吉岡雄一郎 井原堅一 大脇淳一	九州職業能力開発大学校 〃 〃 〃 〃 〃 〃

●2004 建築の転生・都市の再生

順位	氏名	所属
最優秀賞 島本源徳賞 (タジマ奨励賞)	遠藤和郎	東北工業大学
最優秀賞 島本源徳賞	紅林佳代 柳瀬英江 牧田浩二	日本大学大学院 〃 〃
最優秀賞	和久倫也 小川 仁 齋藤茂樹 鈴木啓之	東京都立大学大学院 〃 〃 〃
優秀賞	本間行人	横浜国立大学大学院
	齋藤洋平 小菅俊太郎 藤原 稔	大成建設株式会社 〃 〃
タジマ奨励賞	平田啓介 椎木空海 柳沢健人 塚本 文	慶應義塾大学 〃 〃 〃
	佐藤桂火	東京大学
	白倉 将	京都工芸繊維大学
	山田道子 舩橋耕太郎	大阪市立大学 〃
	堀野 敏 田部兼三 酒井雅男	大阪市立大学 〃 〃
	山下剛史 下田康晴 西川佳香	広島大学 〃 〃
	田村隆志 中村公亮 茅根一貴 水内英允	日本文理大学 〃 〃 〃
	難波友亮 西垣智哉	鹿児島大学 〃
	小佐見友子 瀬戸口晴美	鹿児島大学 〃

●2005 「風景の構想―建築をとおしての場所の発見」

順位	氏名	所属
最優秀賞 島本源徳賞	中西正佳 佐賀淳一	京都大学大学院 京都大学
	松田拓郎	北海道大学大学院
優秀賞	石川典貴 川勝崇道	京都工芸繊維大学大学院 〃
	森 隆	芝浦工業大学大学院
	廣瀬 悠 加藤直史 水谷好美	立命館大学大学院 〃 立命館大学
(タジマ奨励賞)	吉村 聡	神戸大学
(タジマ奨励賞)	木下皓一郎 菊池 聡 佐藤公信	熊本大学 〃 〃
タジマ奨励賞	渡邉幹夫 伊禮竜馬 中野晋治	日本文理大学 〃 〃
	近藤 充	東北工業大学
	賞雅裕和 田島 誠 重堂英仁	日本大学 〃 〃
	濱崎梨沙 中村直人 王 東揚	鹿児島大学 〃 〃

●2006 近代産業遺産を生かしたブラウンフィールドの再生

順位	氏名	所属
最優秀賞 島本源徳賞	新宅 健 三好宏史 山下 敦	山口大学大学院 〃 〃

( )はタジマ奨励賞と重賞

順位	氏名	所属
優秀賞	中野茂夫	筑波大学大学院
	不破正仁	〃
	市原 拓	〃
	小山雄資	〃
	神田伸正	〃
	臂 徹	〃
	堀江晋一	大成建設株式会社
	関山泰忠	〃
	土屋尚人	〃
	中野 弥	〃
	伊原 慶	〃
	出口 亮	〃
	萩原崇史	千葉大学大学院
	佐本雅弘	〃
	真泉洋介	〃
	平山善雄	九州大学大学院
	安部英輝	〃
	馬場大輔	〃
	疋田美紀	〃
タジマ奨励賞	広田直樹	関西大学
	伏見将彦	
	牧 奈歩	明石工業高等専門学校
	国居郁子	〃
	井上亮太	〃
	三崎恵理	関西大学
	小島 彩	〃
	伊藤裕也	広島大学
	江口宇雄	〃
	岡島由賀	〃
	鈴木聖明	近畿大学
	高田耕平	〃
	田原康啓	〃
	戎野朗生	広島大学
	豊田章雄	〃
	山根俊輔	〃
	森 智之	〃
	石川陽一郎	〃
	田尻昭久	崇城大学
	長家正典	〃
	久冨太一	〃
	皆川和朗	日本大学
	古賀利郎	〃
	髙田 郁	大阪市立大学
	黒木悠真	〃
	桜間万里子	〃

● 2007 人口減少時代のマイタウンの再生

順位	氏名	所属
最優秀賞 島本源徳賞	牟田隆一	九州大学大学院
	吉良直子	〃
	多田麻梨子	〃
	原田 慧	〃
最優秀賞	井村英之	東海大学大学院
	杉 和也	〃
	松浦加奈	〃
	多賀麻衣子	和歌山大学大学院
	北山めぐみ	〃
	木村秀男	〃
	宮原 崇	〃
	本塚智貴	〃
優秀賞	辻 大起	日本大学
	長岡俊介	〃
	村瀬慶征	神戸大学大学院
	堀 浩人	〃
	船橋謙太郎	〃
(タジマ奨励賞)	隈部俊輔	広島大学
	中尾洋明	〃
	高平茂輝	〃
	塚田浩介	〃
	重廣 亨	〃
	益原実礼	〃

順位	氏名	所属
タジマ奨励賞	田附 遼	東京工業大学
	村松健児	〃
	上條慎司	〃
	三好絢子	広島工業大学
	龍野裕平	〃
	森田 淳	〃
	宇根明日香	近畿大学
	櫻井美由紀	〃
	松野 藍	〃
	柳川雄太	近畿大学
	山本恭平	〃
	城納 剛	〃
	関谷有希	近畿大学
	三浦 亮	〃
	古田靖幸	近畿大学
	西村知香	〃
	川上裕司	〃
	古田真史	広島大学
	渡辺晴香	〃
	萩野 亮	〃
	富山晃一	鹿児島大学
	岩元俊輔	〃
	阿相和成	〃
	林川祥子	日本文理大学
	植田祐加	〃
	大熊夏代	〃
	生野大輔	〃
	靎田和樹	〃

● 2008 記憶の器

順位	氏名	所属
最優秀賞	矢野佑一	大分大学大学院
	山下博廉	〃
	河津恭平	〃
	志水昭太	〃
	山本展久	〃
	赤木建一	九州大学大学院
	山崎貴幸	〃
	中村翔悟	〃
	井上裕子	〃
優秀賞 (タジマ奨励賞)	板谷 慎	日本大学
	永田貴祐	
	黒木悠真	大阪市立大学大学院
	坪井祐太	山口大学大学院
	松本 誉	〃
	花岡芳徳	広島工業大学大学院
	児玉亮太	〃
(タジマ奨励賞)	中川聡一郎	九州大学
	樋口 翔	〃
	森田 翔	〃
	森脇亜津子	〃
タジマ奨励賞	河野 恵	広島大学
	百武恭司	〃
	大髙美乃里	〃
	千葉美幸	京都大学
	國居郁子	明石工業高等専門学校
	福本 遼	〃
	水谷昌稔	〃
	成松仁志	近畿大学
	松田尚子	〃
	安田浩子	〃
	平町好江	近畿大学
	安藤美有紀	〃
	中田庸平	〃
	山口和紀	近畿大学
	岡本麻希	〃
	高橋磨有美	〃
	上村浩貴	高知工科大学
	富田海友	東海大学

順位	氏名	所属
● 2009年 アーバン・フィジックスの構想		
最優秀賞	木村敬義	前橋工科大学大学院
	武曽雅嗣	〃
	外崎晃洋	〃
	河野 直	京都大学大学院
	藤田桃子	〃
優秀賞	石毛貴人	千葉大学大学院
	生出健太郎	〃
	笹井夕莉	〃
	江澤現之	山口大学大学院
	小崎太士	〃
	岩井敦郎	〃
(タジマ奨励賞)	川島 卓	高知工科大学
タジマ奨励賞	小原希望	東北工業大学
	佐藤えりか	〃
	奥原弘平	日本大学
	三代川剛久	〃
	松浦眞也	〃
	坂本大輔	広島工業大学
	上田寛之	〃
	濱本拓幸	〃
	寺本 健	高知工科大学
	永尾 彩	北九州市立大学
	濱本拓磨	〃
	山田健太朗	〃
	長谷川伸	九州大学
	池田 亘	〃
	石神絵里奈	〃
	瓜生宏輝	〃
● 2010 大きな自然に呼応する建築		
最優秀賞	後藤充裕	宮城大学大学院
	岩城和昭	〃
	佐々木詩織	〃
	山口喬久	〃
	山田祥平	〃
	鈴木髙敏	工学院大学大学院
	坂本達典	〃
	秋野崇大	愛知工業大学大学院
	谷口桃子	〃
	宮口 晃	愛知工業大学研究
優秀賞	遠山義雅	横浜国立大学大学院
	入口佳勝	広島大学大学院
	指原 豊	株式会社浦野設計
	神谷悠実	三重大学大学院
	前田太志	三重大学大学院
	横山宗宏	広島大学大学院
	遠藤創一朗	山口大学大学院
	木下 知	〃
	曽田龍士	〃
(タジマ奨励賞)	笹田侑志	九州大学
タジマ奨励賞	真田 匠	九州工業大学
	戸井達弥	前橋工科大学
	渡邉宏道	〃
	安藤祐介	九州大学
	木村愛実	広島大学
	後藤雅和	岡山理科大学
	小林規矩也	〃
	枇榔博史	〃
	中村宗樹	〃
	江口克成	佐賀大学
	泉 竜斗	〃
	上村恵里	〃
	大塚一翼	〃

順位	氏名	所属
タジマ奨励賞	今林寛晃	福岡大学
	井田真広	〃
	筒井麻子	〃
	柴田陽平	〃
	山中理沙	〃
	宮崎由佳子	〃
	坂口 織	〃
	Baudry Margaux Laurene	九州大学
	濱谷洋次	九州大学

●2011 時を編む建築

順位	氏名	所属
最優秀賞	坂爪佑丞 西川日満里	横浜国立大学大学院
	入江奈津子 佐藤美奈子 大屋綾乃	九州大学大学院 〃 〃
優秀賞	小林 陽 アマングリトゥリソン 井上美咲 前畑 薫 山田飛鳥 堀 光瑠	東京電機大学大学院 〃 〃 〃 〃 〃
	齋藤慶和 石川慎也 仁賀木はるな 奥野浩平	大阪工業大学大学院 大阪工業大学 大阪工業大学大学院 〃
	坂本大輔	広島工業大学大学院
	西亀和也 山下浩祐 和田雅人	九州大学大学院 〃 〃
佳作 (タジマ奨励賞)	高橋拓海 西村健宏	東北工業大学
	木村智行 伊藤恒輝 平野有良	首都大学東京大学大学院 〃 〃
	佐長秀一 大塚健介 曽根田恵	東海大学大学院 〃 〃
	澁谷年子	慶應義塾大学大学院
(タジマ奨励賞)	山本 葵	大阪大学
	松瀬秀隆 阪口裕也 大谷友人	大阪工業大学大学院 大阪工業大学大学院 大阪工業大学大学院
タジマ奨励賞	金 司寛 田中達朗	東京理科大学 〃
	山根大知 井上 亮 有馬健一郎 西岡真穂 朝井彩加 小草未希子 柳原絵里子 片岡恵理子 三谷佳奈子	島根大学 〃 〃 〃 〃 〃 〃 〃 〃
	松村紫舞 鶴崎翔太 西村唯子	広島大学 〃 〃
	山本真司 佐藤真美 石川佳奈	近畿大学 〃 〃
	塩川正人 植木優行 水下竜也 中尾恭子	近畿大学 〃 〃 〃
	木村龍之介 隣真理子 吉田枝里	熊本大学 〃 〃

順位	氏名	所属
タジマ奨励賞	熊井順一	九州大学
	菊野 慧 岩田奈々	鹿児島大学 〃

●2012 あたりまえのまち／かけがえのないもの

順位	氏名	所属
最優秀賞	神田謙匠 吉田知剛	金沢工業大学大学院 〃
	坂本和哉 坂口文彦 中尾礼太	関西大学大学院 〃 〃
	元木智也 原 宏佑	京都工芸繊維大学大学院 〃
優秀賞	大谷広司 諸橋 俊 上田一樹 殷 玥	千葉大学大学院 〃 〃 〃
	辻村修太郎 吉田祐介	関西大学大学院 〃
	山根大知 酒井直哉 稲垣伸彦 宮崎 照	島根大学 〃 〃 〃
佳作	平林 瞳 水野貴之	横浜国立大学大学院 〃
(タジマ奨励賞)	石川 睦 伊藤哲也 江間亜弥 大山真司 羽場健人 山田健登 丹羽一将 船橋成明 服部佳那子	愛知工業大学 〃 〃 〃 〃 〃 〃 〃 〃
	高橋良至 殷 小文 岩田 翔 二村緋菜子	神戸大学大学院 〃 〃 〃
	梶並直貴 植田裕基 田村彰浩	山口大学大学院 〃 〃
(タジマ奨励賞)	田中伸明 有谷友孝 山田康助	熊本大学 〃 〃
(タジマ奨励賞)	江渕 翔 田川理香子	九州産業大学 〃
タジマ奨励賞	吉田智大	前橋工科大学
	鈴木翔麻	名古屋工業大学
	齋藤俊太郎 岩田はるな 鈴木千裕	豊田工業高等専門学校 〃 〃
	野正達也 榎並拓哉 溝口憂樹 神野 翔	西日本工業大学 〃 〃 〃
	冨木幹大 土肥準也 関 恭太	鹿児島大学 〃 〃
	原田爽一朗	九州産業大学
	栫井寛子 西山雄大 徳永孝平 山田泰輝	九州大学 〃 〃 〃

●2013 新しい建築は境界を乗り越えようとするところに現象する

順位	氏名	所属
最優秀賞	金沢 将 奥田晃大	東京理科大学大学院 〃
最優秀賞	山内翔太	神戸大学大学院

順位	氏名	所属
優秀賞	丹下幸太 片山 豪 高松達弥 細川良太	日本大学大学院 筑波大学大学院 法政大学大学院 工学院大学大学院
	伯耆原洋太 石井義章 塩塚勇二郎	早稲田大学大学院 〃 〃
	徳永悠希 小林大祐 李 海寧	神戸大学大学院 〃 〃
佳作	渡邊光太郎 下田奈祐	東海大学大学院 〃
	竹中祐人 伊藤 彩 今井沙耶 弓削一平	千葉大学大学院 〃 〃 〃
	門田晃明 川辺 隼 近藤拓也	関西大学大学院 〃 〃
(タジマ奨励賞)	手錢光明 青戸貞治 羽藤文人	近畿大学 〃 〃
	香武秀和 井野天平 福本拓馬	熊本大学大学院 〃 〃
	白濱有紀 有谷友孝 中園はるか	熊本大学大学院 〃 〃
	徳永孝平 赤田心太	九州大学大学院 〃
タジマ奨励賞	島崎 翔 浅野康成 大平晃司 髙田汐莉	日本大学 〃 〃 〃
	鈴木あいね 守屋佳代	日本女子大学 〃
	安藤彰悟	愛知工業大学
	廣澤克典	名古屋工業大学
	川上咲久也 村越万里子	日本女子大学 〃
	関里佳人 坪井文武 李 翠婷	日本大学 〃 〃
	阿師村珠実 猪飼さやか 加藤優思 田中隆一朗 細田真衣 牧野俊弥 松本彩伽 三井杏久里 宮城喬平 渡邉裕二	愛知工業大学 〃 〃 〃 〃 〃 〃 〃 〃 〃
	西村里美 河井良介 野田佳和 平尾一真 吉田 剣	崇城大学 〃 〃 〃 〃
	野口雄太 奥田祐大	九州大学 〃

●2014 建築のいのち

順位	氏名	所属
最優秀賞	野原麻由	信州大学大学院
優秀賞	柚川真美 末次猶輝 高橋勇人 宮崎智史	千葉大学大学院 〃 〃 〃
優秀賞(タジマ奨励賞)	泊裕太郎	西日本工業大学

（　）はタジマ奨励賞と重賞

順位	氏名	所属
優秀賞	野田佳和 浦川祐一 江上史恭 江嶋大輔	崇城大学研究生 崇城大学 〃 〃
佳作	金尾正太郎 向山佳穂	東北大学大学院 〃
	猪俣 馨 岡武和規	東京理科大学大学院 〃
	竹之下賞子 小林堯礼 齋藤 弦	千葉大学大学院 〃 〃
	松下和輝 黄 亦謙 奥山裕貴 HUBOVA TATIANA	関西大学大学院 〃 〃 関西大学院外研究生
	佐藤洋平 川口祥茄	早稲田大学大学院 広島工業大学大学院
	手銭光明 青戸貞治 板東孝太郎	近畿大学大学院 〃 〃
	吉田優子 李 春炫 土井彰人 根谷拓志	九州大学大学院 〃 〃 〃
	髙橋 卓 辻佳菜子 関根卓哉	東京理科大学大学院 〃 〃
タジマ奨励賞	畑中克哉	京都建築大学
	白旗勇太 上田将人 岡田 遼 宍倉百合奈	日本大学 〃 〃 〃
	松本寛司	前橋工科大学
	中村沙樹子 後藤あづさ	日本女子大学 〃
	鳥山佑太 出向 壮	愛知工業大学 〃
	川村昴大	高知工科大学
	杉山雄一郎 佐々木翔多 高尾亜利沙	熊本大学 〃 〃
	鈴木龍一 宮本薫平 吉海雄大	熊本大学 〃 〃

もう一つのまち・もう一つの建築

2015年度日本建築学会設計競技優秀作品集　　定価はカバーに表示してあります。

| 2015年11月30日　1版1刷発行 | ISBN 978-4-7655-2586-2 C3052 |

編　者	一般社団法人 日本建築学会
発行者	長　　滋　彦
発行所	技報堂出版株式会社

日本書籍出版協会会員
自然科学書協会会員
土木・建築書協会会員

〒101-0051　東京都千代田区神田神保町1-2-5
電　話　　営　業（03）（5217）0885
　　　　　編　集（03）（5217）0881
　　　　　Ｆ Ａ Ｘ（03）（5217）0886
振替口座　00140-4-10
http://gihodobooks.jp/

Printed in Japan

Ⓒ Architectural Institute of Japan, 2015　　装幀 ジンキッズ　印刷・製本 昭和情報プロセス

落丁・乱丁はお取り替えいたします。

JCOPY ＜(社)出版者著作権管理機構 委託出版物＞

本書の無断複写は著作権法上での例外を除き禁じられています。複写される場合は、そのつど事前に、(社)出版者著作権管理機構（電話：03-3513-6969、FAX：03-3513-6979、E-mail：info@jcopy.or.jp）の許諾を得てください。